AF275220

eBook gratuito en COLEX Online

- ⊘ Acceda a la página web de la editorial **www.colex.es**

- ⊘ Identifíquese con su usuario y contraseña. En caso de no disponer de una cuenta regístrese.

- ⊘ Acceda en el menú de usuario a la pestaña «Mis códigos» e introduzca el que aparece a continuación:

RASCAR PARA VISUALIZAR EL CÓDIGO

- ⊘ Una vez se valide el código, aparecerá una ventana de confirmación y su eBook estará disponible en la pestaña «Mis libros» en el menú de usuario

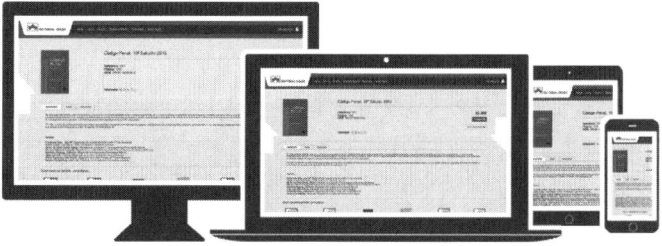

¡Gracias por confiar en Colex!

La obra que acaba de adquirir incluye de forma gratuita la versión electrónica. Acceda a nuestra página web para aprovechar todas las funcionalidades de las que dispone en nuestro lector.

Funcionalidades eBook

Acceso desde cualquier dispositivo

Idéntica visualización a la edición de papel

Navegación intuitiva

Tamaño del texto adaptable

Puede descargar la APP "Editorial Colex" para acceder a sus libros y a todos los códigos básicos actualizados.

Síguenos en:

LA ENCRUCIJADA ESPACIAL DEL SIGLO XXI

LAS MEGACONSTELACIONES

LA ENCRUCIJADA ESPACIAL DEL SIGLO XXI

LAS MEGACONSTELACIONES

EDICIÓN 2024

Jacqueline Hellman

COLEX 2024

© Jacqueline Hellman

© Editorial Colex, S.L.
Calle Costa Rica, número 5, 3.º B (local comercial)
A Coruña, C.P. 15004
info@colex.es
www.colex.es

I.S.B.N.: 978-84-1194-364-2
Depósito legal: C 396-2024

A mi abuela, la estrella más bonita de todas...

SUMARIO

CAPÍTULO 3

LA PRINCIPAL ENCRUJICADA ESPACIAL: LOS RETOS Y DESAFÍOS PROVOCADOS POR LAS MEGA-CONSTELACIONES

CAPÍTULO 4

SOLUCIONES Y FUTURO DE LAS MEGA-CONSTELACIONES

CAPÍTULO 1

DESCIFRANDO LAS MEGA-CONSTELACIONES: EXPLORANDO SU SIGNIFICADO Y UTILIDAD

1.1. Introducción

Las mega-constelaciones son redes masivas de satélites artificiales diseñados con el objetivo de proporcionar una variedad de servicios de comunicación, observación, navegación y conectividad global. Dichas constelaciones suelen constar de cientos a varios miles de satélites y son generalmente desplegados en la órbita terrestre baja (OTB)[1], generando una menor latencia debido a su cercanía física con la Tierra. Tienen, por lo tanto, una mayor

---

[1] Es relevante señalar que la OTB, conocida en inglés como LEO (acrónimo de *Low Earth Orbit*), se sitúa en una franja que abarca altitudes de entre 160 y 1,000 kilómetros sobre la superficie de la Tierra. Ésta se diferencia de los satélites ubicados en la órbita geosincrónica (GSO), los cuales viajan sincronizados con la rotación de la Tierra. Dentro de este grupo, destacan los satélites posicionados en la órbita ecuatorial geoestacionaria (GEO) en la medida en que tienen la particularidad de permanecer siempre en el mismo punto en relación con la Tierra y, además, siguen la línea del Ecuador. Estos últimos se encuentran a una gran altitud, específicamente a unos 35,000 kilómetros sobre la Tierra. Junto a los anteriores, debemos mencionar los satélites ubicados en la órbita terrestre media (MEO) que se encuentran entre la OTB y la GSO.

capacidad de respuesta en comparación con la tecnología ubi-
cada en órbitas más altas[2].

Además, los satélites que integran las referidas mega-constelaciones son pequeños y ligeros[3], siendo su lanzamiento realizado por cohetes de tamaño reducido[4]. Asimismo, debe indicarse
que están diseñados de manera modular para una producción en
masa y un reemplazo eficiente en el caso de que se produzcan
fallos. En definitiva, los satélites que forman parte de las referidas
mega-constelaciones son pequeños, asequibles y están diseñados
para ofrecer una conectividad global de alta velocidad y eficiencia.

Junto a lo anteriormente explicado, debemos poner de relieve
que los referidos satélites se desplazan a gran velocidad. De hecho,
este dinámico desplazamiento es una característica distintiva de
los artefactos que forman parte de las mencionadas mega-constelaciones. Y ello se debe a su proximidad con el planeta Tierra,
así como a la necesidad de mantenerse en órbita. A consecuencia de dicha cercanía se consigue el objetivo de ofrecer una baja
latencia en la transmisión de datos. Asimismo, es preciso señalar
que los satélites que integran las mega-constelaciones se lanzan
de manera grupal para lograr una cobertura uniforme y completa,
ya que cada uno de ellos ocupa una posición diferente en la órbita
y trabaja conjuntamente con el resto del sistema, abarcando una
mayor superficie terrestre. Además, permite una sincronización
de las órbitas, optimizando la distribución de los artefactos en el
espacio[5].

---

2   De acuerdo con lo expuesto en el cuerpo principal del texto, cobra interés afirmar
    que esta cercanía constituye un dato positivo en la medida en que si un determi-
    nado grupo de satélites tiene encomendada —por ejemplo— la captura de imá-
    genes, parece sencillo concluir que éstas tendrán una buena resolución, especial-
    mente cuando abarquen escasos metros. Redundando en la idea anterior, cabe
    decir que las señales enviadas desde dicha franja apenas sufren retraso.

3   Vid. CURZI, Giacomo, et al., «Large Constellations of Small Satellites: A Survey of
    Near Future Challenges and Missions», Aerospace, núm. 7, 2020, p. 1-18.

4   Vid. OSORO, Ogutu et al., «Sustainability assessment of Low Earth Orbit (LEO) saté-
    lite broadband mega-constellations», Arxiv, 2023, p. 1-26.

5   Resulta de interés mencionar que lanzar múltiples satélites a través de un solo
    cohete es más eficiente en términos de costes y recursos si lo comparamos con
    los lanzamientos realizados de manera individual. Aparte de lo anterior, hay que
    subrayar que los satélites en la OTB tienen órbitas que se superponen y se mueven
    rápidamente. Así pues, es necesario lanzar múltiples satélites en diferentes franjas

A la luz de lo anteriormente comentado, se aprecia el profundo impacto que tienen los referidos instrumentos satelitales ubicados, como hemos visto, en la OTB. No obstante, se desprenden —como ya veremos con detalle— aspectos negativos. Así, por ejemplo, debemos referirnos al rápido desgaste que sufre la referida maquinaria ante la resistencia provocada por la atmósfera terrestre, lo cual se agrave con motivo de la velocidad a la que opera[6]. Asimismo, la radiación espacial y los cambios extremos de temperatura dañan los componentes de aquélla. Consecuentemente, parece que los satélites en la OTB tienen una vida útil corta, lo que presuponemos conlleva reemplazos periódicos y constantes ideados con el propósito de asegurar un servicio confiable en todo momento. En este orden de ideas, debemos subrayar que el lanzamiento incesante de satélites trae consigo un mayor riesgo de colisiones o accidentes en el referido entorno espacial[7], lo que a su vez implica un incremento potencial de la ya ingente cantidad de basura espacial. Junto a lo anterior, debemos mencionar que éstos constituyen una seria amenaza para la astronomía observacional, así como para la capa atmosférica de nuestro planeta[8]. Todas estas cuestiones deben analizarse bajo una realidad innegable: la militarización del espacio[9]. Vemos, pues, que los desafíos son muchos y de diversa naturaleza.

Pese a lo reflejado en el párrafo anterior, es evidente que las referidas mega-constelaciones representan una evolución signi-

---

orbitales para garantizar una cobertura continua y global. Ello es útil para la observación de la Tierra, la monitorización de desastres naturales, la gestión de recursos naturales, la agricultura de precisión, etc.

6   Este deterioro puede tener lugar también con motivo de las maniobras y cambios de dirección de los comentados aparatos en la medida en que se generan tensiones mecánicas que pueden afectar a su funcionamiento

7   El impacto que tienen los accidentes en el espacio es significativo a pesar de que la colisión se produzca con un objeto que tenga el tamaño de un grano de polvo. Así pudo verse cuando una pequeña partícula chocó el pasado año contra uno de los dieciocho espejos del telescopio espacial *James Webb*. Información disponible a continuación: https://www.bbc.com/news/science-environment-61744257

8   Según estudios recientes, la tecnología objeto de análisis en el presente estudio es susceptible de generar un agujero en la capa de ozono en la medida en contienen materiales dañinos. Información disponible a continuación: https://cps.iau.org/news/further-understanding-bluewalker-3s-impact-on-astronomy/

9   *Vid*. García Cantalapiedra, David, «EEUU, China y Rusia: la lógica inevitable de la militarización del espacio», *Real Instituto Elcano*, núm. 26, 2008, p. 1-6.

ficativa de la tecnología espacial, puesto que tienen el potencial de revolucionar numerosos aspectos de la vida actual, incluyendo las comunicaciones, la agricultura, la observación de la Tierra, la investigación científica y la navegación[10]. Al hilo de la afirmación anterior, debemos recalcar que las mega-constelaciones ofrecen —*inter alia*— una conectividad de alta velocidad en todo el mundo, lo que es especialmente valioso en áreas remotas o mal atendidas[11]. En otras palabras, pueden mejorar la cobertura de telefonía móvil, brindar acceso a internet de banda ancha en regiones rurales y ofrecer servicios de comunicación aeroespacial y marítima. Es más, en situaciones de emergencia o desastres naturales, las mega-constelaciones pueden desplegarse rápidamente para proporcionar comunicaciones vitales en áreas donde la infraestructura terrestre se encuentra dañada o es inexistente.

De acuerdo con lo expuesto en el presente apartado, llegamos a la conclusión de que las mega-constelaciones desempeñan un papel fundamental en la mejora de la conectividad global y en la prestación de servicios esenciales en una variedad de campos, abarcando —entre otras cosas— la investigación científica y la respuesta a emergencias[12]. Sin embargo, su puesta en funcionamiento plantea desafíos de diversa índole que deben ser abordados para garantizar su sostenibilidad y eficacia a largo plazo. Así las cosas, en la presente investigación haremos un repaso a los retos que surgen en este complejo ámbito y propondremos —a su vez— las correspondientes soluciones normativas. Dicho lo cual, incidiremos en un primer momento en el modo en el que

---

10   En este contexto, cobran interés las mega-constelaciones que procuran servicios de posicionamiento global. A estos efectos, ocupa un lugar destacado tanto el Sistema de Posicionamiento Global (GPS por sus siglas en inglés) como Galileo. Ambos sistemas de radionavegación son fundamentales para la navegación terrestre, marítima y aérea, así como para aplicaciones diseñadas para geolocalizar dispositivos móviles.

11   De acuerdo con lo expuesto, es evidente que por medio de la referida tecnología hay posibilidad de satisfacer la creciente demanda de conectividad global. Y es evidente que las zonas aisladas pueden beneficiarse de esta oportunidad que brinda la comentada tecnología. *Vid.* OKATI, Niloofar y RIIHONEN, Taneli, «Coverage and Rate Analysis of Mega-Constellations Under Generalized Serving Satellite Selection», *IEE Wireless Communications and Networking Conference,* 2022, p. 2214-2219.

12   *Vid.* QUIAN WU, Zeqi, *et al.*, «Exploiting Mega-Constellations for Low-Latency Earth Observation», *IEEE Explore 29th International Conference on Network Protocols,* 2021, p. 1 y 12.

han evolucionado los satélites para comprender el impacto que la utilización de la mencionada tecnología está teniendo hoy.

1.2. Evolución de la tecnología satelital

La tecnología satelital ha experimentado una evolución significativa desde que la Unión Soviética lanzara el primer satélite artificial, el *Sputnik 1*, en el año 1957[13]. Más concretamente, el comentado lanzamiento ha sido percibido como un incuestionable punto de inflexión que condicionó y moduló la carrera espacial desatada, años atrás, entre Estados Unidos y la Unión Soviética[14]. En otras palabras, el referido episodio intensificó aún más la profunda competencia que existía entre los citados países por la conquista del espacio[15]. Al margen de lo anterior, debemos incidir en la importancia de dicho momento a nivel científico y técnico, puesto que fue el primer objeto artificial colocado con éxito en la

---

13   *Vid.* CORTÉS ROBAYO, Laura, «Historia espacial: recuento histórico de su evolución y desarrollo», *Revista de Derecho, Comunicaciones y Nuevas Tecnologías*, núm. 12, 2012, p. 1 y 36.

14   De acuerdo con lo expuesto en el cuerpo principal del texto, debemos subrayar que, tras el final de la Segunda Guerra Mundial, surgió un profundo interés en torno al espacio. Es cierto que durante el mencionado conflicto se advirtieron ciertos avances. Así, por ejemplo, debemos apuntar que Alemania había construido «(...) misiles balísticos operacionales capaces de realizar Vuelos espaciales suborbitales». *Vid.* TEIGENS, Vasil, *et al.*, *La Carrera espacial*, Cambridge Stanford Books, 2019, p. 1-183. Sin embargo, es con el final de dicha contienda cuando se adoptaron sólidas estrategias que pretendían promover la exploración espacial. Al mismo tiempo, se desató una intensa rivalidad ideológica entre Estados Unidos y la Unión Soviética que dio lugar al inicio a la Guerra Fría. Esta hostilidad creció de manera exponencial cuando Estados Unidos descubrió que la Unión Soviética había detonado su primera bomba atómica. Ello motivó una intensa carrera armamentística conforme a la cual el avance tecnológico se convirtió en un aspecto crucial. Y, como era de esperar, la carrera por la conquista del espacio se erigió como un objetivo prioritario para ambos Estados. Sea como fuere, el lanzamiento del *Sputnik 1* puso de manifiesto la brecha tecnológica en la que se encontraba Estados Unidos en ese momento.

15   Es de sobra conocido por todos que el lanzamiento del citado satélite marcó el comienzo de lo que se conoce como la «Era Espacial». Fue, en definitiva, el primer paso en la conquista del espacio y desencadenó una serie de exploraciones espaciales posteriores, incluyendo la Luna, otros planetas y más allá. *Vid.* KODHELI, Oltjon, «Satellite Communications in the New Space Era: A Survey and Future Challenges», *IEEE Communications surveys & tutorial*, Vol. 23, núm. 1, 2020, p. 1-40.

órbita terrestre[16]. Durante el tiempo en el que el *Sputnik 1* rodeó la Tierra, transmitió señales de radio que fueron captadas por estaciones terrestres en todo el mundo, abriendo la puerta a la comunicación vía satélite. Como cabe imaginar, tras este relevante acontecimiento, la tecnología satelital no ha dejado de avanzar en términos de diseño, capacidades y aplicaciones. Es más, con el paso del tiempo, se han creado instrumentos muy sofisticados que han promovido su utilidad en numerosos y distintos campos. Así lo reflejaremos en los siguientes apartados.

1.2.1. Primeros satélites: los inicios de la actividad espacial tras el final de la Segunda Guerra Mundial

Como ya adelantamos, el lanzamiento del *Sputnik 1* por parte de la Unión Soviética marcó el inicio de la exploración espacial además de promover la utilización de satélites en la órbita terrestre. El éxito de la citada misión trajo consigo —*inter alia*— la proliferación de proyectos ideados con el propósito de colocar satélites alrededor del planeta Tierra. A partir de entonces, éstos (cada vez más avanzados y sofisticados) han sido diseñados para una gran variedad de aplicaciones que abarcan desde el ámbito de la investigación científica hasta la promoción de las comunicaciones globales. Así pues, es evidente que el lanzamiento del *Sputnik 1* sentó las bases para la utilización generalizada de satélites en la citada órbita terrestre. Asimismo, como ya fue previamente indicado, el referido lanzamiento tuvo un fuerte impacto global y simbolizó el poderío tecnológico y científico de la Unión Soviética en ese momento, generando una profunda preocupación en —principalmente— Estados Unidos[17]. Este acontecimiento intensificó, no hay

---

16 Debemos recordar que el *Sputnik 1* fue lanzado el 4 de octubre de 1957 y continuó orbitando la Tierra durante varias semanas antes de quemarse en la atmósfera en enero de 1958. El referido satélite tardó aproximadamente 96.2 minutos en completar una vuelta alrededor de la Tierra. Ello quiere decir que orbitó nuestro planeta a una velocidad de aproximadamente 28,000 kilómetros por hora.

17 En otras palabras, el comentado hito espacial ponía de relieve el atraso tecnológico en el que se encontraba Estados Unidos frente al país soviético, el cual parecía avanzar con contundencia en el desarrollo de la tecnología espacial. *Vid*. LEWIS, James, *Waiting for Sputnik: basic research and strategic competition*, Ed. Center for Strategic and International Studies, Washington, 2006, p. 1-38.

duda, la carrera espacial desatada años antes entre las principales potencias que protagonizaron las fricciones y hostilidades que tuvieron lugar durante la Guerra Fría[18].

Más adelante, en el año 1961, Yuri Gagarin se convirtió en el primer ser humano en viajar al espacio y orbitar la Tierra a bordo de la nave *Vostok 1*. Este logro histórico consolidó la ventaja de la Unión Soviética en la particular carrera espacial que mantenía con Estados Unidos[19]. Sin embargo, ocho años después, éste último lograba enviar a dos de sus astronautas a la Luna (a bordo del módulo de exploración lunar llamado *Eagle*), cumpliendo con el ansiado objetivo que el presidente estadounidense John Fitzgerald Kennedy se había marcado en el año 1962[20]. Desde ese momento, se sucedieron vuelos espaciales tripulados y no tripulados que pretendían investigar el entorno espacial.

Con respecto al lanzamiento de los primeros satélites, debemos indicar que éstos se focalizaron en promover la comunicación, así como en facilitar la observación del planeta Tierra. Todo lo cual desembocaría en, por un lado, la puesta en marcha de la televisión por satélite y, por otro, en la articulación de sistemas ideados con el objetivo de establecer predicciones meteorológicas. Así las cosas, debemos traer a colación, por ejemplo, el lanzamiento del *Explorer 1*. La importancia de este aparato no puede

---

18 *Vid*. ROMERO NIETO, Manuel, «El dominio especial, visión de la OTAN y su relación con las operaciones marítimas», *Revista general de marina*, Vol. 281, 2021, p. 1-15.

19 *Vid*. CANEVARI, Renata y VENZEL, Sofía, «URSS: optimismo por el espacio en el diseño de los años 60», *Revista Internacional de Ciencias Sociales*, Vol. 9, núm. 2, 2020, p. 191-206.

20 Así quedó reflejado en el discurso pronunciado por el referido mandatario norteamericano el 12 de septiembre de 1962 en virtud del cual indicaba que Estados Unidos llevaría al ser humano a la Luna antes del año 1970. A estos efectos, resulta de interés traer a colación parte del discurso pronunciado por el mencionado mandatario norteamericano: «We choose to go to the moon. We choose to go to the moon in this decade and do the other things, not because they are easy, but because they are hard, because that goal will serve to organize and measure the best of our energies and skills, because that challenge is one that we are willing to accept, one we are unwilling to postpone, and one which we intend to win, and the others, too». Sus palabras constituyeron un fuerte revulsivo, avivando la tensión que existía desde hace un tiempo con la Unión Soviética. La exploración espacial se convirtió, por lo tanto, en un objetivo de carácter político. A raíz de todo ello, Estados Unidos, a través del programa *Apolo*, centró una buena parte de sus recursos financieros, técnicos y humanos a la consecución de dicho objetivo.

ponerse en duda en la medida en que se trató del primer satélite estadounidense lanzado al espacio[21]. Más adelante, en 1960, se lanzó el *Echo 1* que tenía la capacidad de reflejar señales de radio de alta frecuencia lanzadas desde estaciones terrestres hacia el satélite[22]. Dos años después, se lanzó el *Telstar 1*[23] que permitió la transmisión en vivo de eventos televisados entre Europa y Estados Unidos. En 1965, se lanzó el primer satélite de comunicaciones geoestacionario llamado *Early Bird* que posibilitó el establecimiento de conexiones de voz, datos y televisión entre Norteamérica y Europa en tiempo real[24], favoreciendo la ya entonces imparable industria de satélites de naturaleza comercial[25].

Además de lo anterior, se produjo el lanzamiento de artefactos diseñados con el objetivo de fomentar —como ya anticipamos— la observación terrestre[26]. Asimismo, se articularon misiones a través de diversos satélites que tenían por objeto la exploración

---

21 El episodio mencionado en el cuerpo principal del texto tuvo lugar el 31 de enero de 1958 y su logro principal fue descubrir los cinturones de radiación solar que rodean la Tierra.

22 Las señales emitidas por el *Echo 1* (ideado como un globo esférico de aluminio de gran tamaño que se infló en el espacio) podían ser recibidas por estaciones terrestres ubicadas en distintos puntos. Ello permitió la transmisión de señales de comunicación a larga distancia.

23 El *Telstar 1*, lanzado el 10 de julio de 1962, fue un satélite de comunicaciones pionero. Su misión era permitir la transmisión en tiempo real de señales de televisión, teléfono y datos a través del océano Atlántico.

24 El satélite mencionado en el cuerpo principal del texto fue ubicado en la posición orbital de 28 grados de longitud oeste, lo que le permitía ofrecer una cobertura efectiva entre América del Norte y Europa. Su vida útil fue reducida, ya que operó hasta el año 1969. No obstante, su legado ha sido duradero al demostrar, principalmente, la viabilidad de este tipo de tecnología conforme a la cual se proporcionaron servicios de telefonía y se transmitieron datos.

25 *Vid.* RIVERA, José, *América Latina ante los modernos sistemas de comunicación de masas*, Ed. Congreso de la República, Caracas, 1971, p. 65-93. Se trata, en definitiva, de unos de los primeros satélites comerciales lanzados al espacio.

26 Cobra interés mencionar el satélite *TIROS-1* cuyo lanzamiento se produjo el 1 de abril de 1969. Éste permitió obtener imágenes meteorológicas desde el espacio. Se comenzaba así con el lanzamiento de satélites encargados de establecer predicciones meteorológicas por medio de la obtención de información visual y en tiempo real sobre las condiciones atmosféricas existentes.

espacial[27], así como la navegación[28]. Fue, en definitiva, un tiempo de avances tecnológicos revolucionarios que cambiaron nuestra comprensión del espacio, promoviendo —*inter alia*— futuras exploraciones espaciales y sofisticando en buena medida los servicios de comunicación prestados por los comentados satélites.

1.2.2. El desarrollo y mejora de la tecnología satelital desde los años setenta hasta el final del siglo pasado

Desde los años setenta hasta finales del siglo pasado, la tecnología satelital avanzó de manera significativa en distintos ámbitos. Así las cosas, advertimos que en el marco de las comunicaciones los progresos fueron notables en la medida en que aumentó la capacidad de transmisión de las señales relativas a la televisión, datos y voz. De hecho, estos aparatos tenían en un primer momento un gran tamaño, lo que les permitió transmitir a larga distancia. El propósito era ofrecer, con el tiempo, una cobertura de carácter global[29]. Además, se implementaron mejoras que conllevaron una utilización más eficiente de la banda de frecuencia, incrementando la capacidad de emisión de datos realizados a través de la mencionada maquinaria. En cualquier caso, debemos advertir que la mayoría de estos instrumentos estaban todavía ubicados en GEO.

---

27 La llegada del hombre a la Luna vino precedida de diversas y numerosas misiones espaciales. Así, en 1961, Yuri Alekséyevich Gagarin, cosmonauta y piloto soviético, se convertía —como ya anticipamos— en la primera persona que completaba una órbita alrededor de la Tierra. Asimismo, la misión *Mercury* de Alan Shepard en 1961 tuvo un fuerte impacto, puesto que fue el primer vuelo espacial articulado por Estados Unidos con un ser humano a bordo.

28 En este contexto, debemos destacar la importancia del sistema de satélites *Transit* desarrollado en la década de los cincuenta. De hecho, el primer satélite de este sistema, conocido como *Transit 1A*, fue lanzado el 17 de septiembre de 1959, proporcionando un servicio de navegación principalmente para uso militar. Este sistema sentó las bases para el desarrollo posterior de sistemas avanzados de navegación por satélite.

29 Debe indicarse que a medida que el tiempo transcurría, aumentó el número de países y empresas que deseaban participar en la industria satelital relativa a las comunicaciones. Ello significó un aumento de la competencia, lo que trajo consigo —*inter alia*— mejoras tecnológicas considerables.

Más allá del ámbito relativo a las comunicaciones, debemos indicar que se lanzaron —como ya sucedió en la etapa anterior— numerosos satélites que tenían por objeto observar la Tierra[30]. Estos artefactos transportaban maquinaria y cámaras que permitían la observación y el estudio de la superficie terrestre, la atmósfera, los océanos y otros fenómenos naturales. Además, debe indicarse que proporcionaron información esencial a la hora de tomar decisiones relacionadas con el cambio climático y la gestión de recursos naturales. Asimismo, en las mencionadas décadas, se crearon satélites para estudiar el cosmos[31]. Junto a ello, debemos indicar que se lanzaron satélites de navegación. En este contexto, cobra importancia el sistema de navegación GPS cuyo desarrollo arrancó precisamente en los años setenta. En todo caso, fue a finales de la citada década cuando se lanzó el primer satélite de dicho sistema: el *Block I*. De manera paralela, se gestó el sistema de navegación por satélite ruso denominado *GLONASS*[32]. Ambos sistemas proporcionaron capacidades de navegación muy precisas en todo el mundo y desempeñaron un papel crucial en la expansión de nuestra comprensión del espacio y la Tierra.

Más adelante, en los años noventa, se produjeron importantes cambios en la tecnología satelital. Cobra interés mencionar que antes de que acabara el siglo se intensificó la tendencia relativa a la miniaturización de componentes electrónicos y sistemas de satélites. Además, estos artefactos fueron, en el marco de las

---

30 Al hilo de lo comentado en el cuerpo principal del texto, debemos indicar que es precisamente en la década de los setenta cuando arranca el lanzamiento de satélites comerciales *Landsat*. El *Landsat* 1 ofrecía una resolución de la Tierra de setenta y nueve metros. El *Landsat* 4 y 5 proporcionaron una resolución de veinticinco y treinta metros respectivamente. *Vid*. JORDÁN ASTABURUAGA, Gustavo, «Satélites, la cuarta dimensión tecnológica del conflicto internacional», *Revista Marina*, núm. 1, 1998, p. 36-45. A lo largo de la serie *Landsat* se lanzaron sucesivas misiones que mejoraron la resolución espacial y espectral de las imágenes, permitiendo una observación más detallada de la superficie terrestre.

31 Al hilo de lo comentado en el cuerpo principal del texto, debemos indicar que en 1970 se lanzó el *Uhruru* para estudiar los rayos X. El *SAS-2* (lanzado dos años después) estudió la radiación de rayos gamma. En 1983, el satélite *IRAS* realizó un extenso relevamiento del cielo en el infrarrojo lejano, lo que permitió descubrimientos significativos en la detección de objetos celestes fríos.

32 *GLONASS* ha sido un componente clave de la infraestructura de navegación y posicionamiento de Rusia; dicho sistema ha sido modernizado y expandido a lo largo de los años para mantener su relevancia y precisión.

comunicaciones, mejorados en términos de capacidad y eficiencia. En línea con esta última afirmación debemos indicar que se desarrollaron sistemas más avanzados de multiplexación y compresión de datos, lo que permitió un mayor rendimiento de las comunicaciones realizadas vía satélite[33].

Con respecto a los satélites diseñados para la observación de la Tierra hay que subrayar que continuaron mejorando su resolución espacial y su capacidad a la hora de recopilar datos. Asimismo, los sistemas de navegación por satélite se consolidaron como herramientas de navegación esenciales para una variedad de aplicaciones (desde la navegación terrestre y marítima hasta la aviación y la agricultura de precisión). Junto a ello, debemos indicar que se lanzaron sondas espaciales y observatorios astronómicos avanzados para la exploración del espacio profundo y el estudio de otros planetas y cuerpos celestes. Por medio de dichas misiones se obtuvo información valiosa sobre el sistema solar[34]. Otro aspecto relevante que debemos reflejar es que la tecnología satelital se utilizó cada vez más para la transmisión de datos y servicios de internet, especialmente en áreas remotas o rurales donde las redes terrestres eran limitadas.

Es importante destacar que a medida que nos aproximábamos al final del siglo XX, proliferaron los proyectos ideados con el objetivo de colocar constelaciones formadas por miles de pequeños satélites artificiales en la OTB. Ello se corresponde con la etapa inicial de las mega-constelaciones[35]. Estos primeros lanzamientos

---

33   De acuerdo con lo expuesto, debemos traer a colación —a modo de ejemplo— el conjunto de estándares para la transmisión de televisión digital por satélite conocido como *Digital Video Broadcasting*. Éstos han permitido la transición de la radiodifusión analógica a la televisión digital. Todo lo cual ha mejorado la calidad de la señal, la eficiencia en el uso del espectro, así como la capacidad de ofrecer una gama más amplia de servicios multimedia.

34   A estos efectos, debe traerse a colación el telescopio espacial *Hubble*, lanzado el 24 de abril de 1990 a bordo del transbordador espacial *Discovery* en la misión *STS-31*. Su labor ha sido fundamental en el ámbito de la astronomía y la exploración espacial al proporcionar —entre otras cosas— imágenes y datos de alta calidad de objetos astronómicos lejanos.

35   En este contexto, debe traerse a colación el sistema de comunicación satelital *Iridium*, el cual fue lanzado en múltiples fases. Concretamente, la primera constelación llamada *Iridium* 33 fue lanzada en 1998 y estaba integrada por sesenta y seis satélites que fueron finalmente ubicados en la OTB. Dicho sistema pretendía proporcionar cobertura global y servicios de comunicación móvil en todo el mundo,

pretendían, principalmente, ofrecer servicios de telecomunicaciones globales de alta velocidad desde la comentada franja orbital[36]. En conclusión, los avances acaecidos en este ámbito transformaron la forma en que el mundo se comunicaba, navegaba, observaba la Tierra y exploraba el espacio. Y de manera más concreta debemos apuntar que los comentados satélites se convirtieron en herramientas fundamentales, impulsando la globalización de la comunicación y el acceso de la información en todo el planeta.

1.2.3. Los satélites del siglo XXI: las mega-constelaciones

Los satélites actuales varían en tamaño y propósito. Además, su diseño y características dependen de sus aplicaciones específicas. Sin embargo, éstos, en general, utilizan no sólo tecnologías avanzadas, sino que exhiben particularidades muy similares. Un aspecto destacable en este sentido es la tendencia relativa a la miniaturización de sus componentes electrónicos, lo que ha favorecido la creación de satélites pequeños y ligeros[37]. Ello ha

---

incluyendo llamadas telefónicas y transmisión de datos en lugares remotos. A lo largo de los años, se han lanzado numerosos satélites adicionales para mejorar y expandir la cobertura del sistema. *Iridium Communications* ha continuado modernizando su constelación con el lanzamiento de satélites de nueva generación, como los *Iridium NEXT*, que se lanzaron en varias fases entre 2017 y 2019.

36 Cobra interés mencionar que, en la década de los noventa, surgieron proyectos y empresas visionarias que desarrollaron sistemas de satélites conforme a la cuales pretendían ofrecer una conectividad global de alta velocidad. Estas iniciativas jugaron un papel fundamental en el avance de la tecnología satelital. A modo de ejemplo cabe traer a colación el proyecto *Teledesic*, liderado por Bill Gates y Craig McCaw, que tenía como objetivo proporcionar servicios de comunicación globales de alta velocidad, incluyendo acceso a Internet de banda ancha en todo el mundo. El proyecto original no se concretó, pero sentó las bases para futuros desarrollos en este ámbito. Asimismo, debemos mencionar la empresa *Globalstar* (fundada en 1991) en la medida en que se trata de una de las primeras compañías en desarrollar una constelación de satélites en la OTB. Su principal cometido ha sido el de ofrecer una cobertura global, así como mejorar la conectividad en áreas remotas y mal atendidas en todo el mundo. Dicha empresa ha continuado evolucionando y mejorando su constelación de satélites para ofrecer una variedad de servicios de comunicación y conectividad, incluyendo servicios de voz, datos y seguimiento.

37 En este ámbito cobran interés los mini satélites llamados *CubeSats* que se utilizan para una variedad de aplicaciones. Tienen la forma de un cubo y su tamaño se determina mediante una unidad de medida llamada «U» o «unidad cúbica». Cada U tiene un tamaño estándar de diez centímetros cúbicos (10x10x10).

conllevado, a su vez, la reducción de los costes de lanzamiento y ha proporcionado también una mayor flexibilidad a la hora de planear y ejecutar misiones[38]. Además, se ha popularizado la utilización de la OTB, puesto que en dicha franja orbital se procura una latencia más baja en las comunicaciones y una mejor observación de la Tierra, si bien es cierto que requiere una constelación más grande de satélites para ofrecer una cobertura constante dada la cercanía con nuestro planeta y su curvatura. En este contexto, debemos indicar también que los satélites actuales tienen una mayor capacidad de procesamiento de datos y pueden realizar más tareas a bordo antes de transmitir datos a la Tierra.

Además, de los avances significativos que ha traído consigo el siglo XXI, debemos indicar que en estos años han proliferado el número de empresas privadas dedicadas al lanzamiento de enjambres satelitales en la OTB. En este sentido, debemos mencionar el relevante papel desempeñado por, principalmente, *SpaceX*[39], *OneWeb*[40] y *Project Kuiper*[41]. Todas ellas están compitiendo en el

---

38   La mayoría de los satélites actuales están diseñados para ser reconfigurables y actualizables a través del *software* correspondiente. Ello es un dato positivo, puesto que permite realizar cambios durante las misiones. Junto a esta idea debemos tener presente que éstos tienen una vida útil más larga, lo que significa que pueden proporcionar servicios durante varios años antes de ser reemplazados.

39   La empresa mencionada en el cuerpo principal del texto fue creada por el magante Elon Musk en el año 2002. Su principal logro es el de erigirse como la primera compañía en lanzar, orbitar y recuperar una nave espacial. Además, ha fabricado el *Falcon* 1, convirtiéndose en el primer cohete en alcanzar la órbita con combustible líquido. Asimismo, en 2019, logró lanzar sesenta satélites *Starlink* a través del *Falcon* 9 con el objetivo de proporcionar acceso a Internet a todo el planeta de manera progresiva. La idea es, en definitiva, procurar un servicio de banda ancha por todo el mundo y a bajo coste. En mayo del año 2023, cuatro mil trescientos noventa y un satélites fueron lanzados al espacio desde Cabo Cañaveral. Consecuentemente, *Starlink* ha puesto en marcha de unas de las primeras mega-constelaciones que actualmente existen.

40   *OneWeb* es una empresa que se dedica a proporcionar servicios de conectividad mediante la construcción y operación de constelaciones de satélites en la OTB. La propiedad es compartida entre varios inversores y empresas y su objetivo principal es ofrecer acceso a Internet de banda ancha en todo el mundo, incluso en áreas remotas donde la conectividad tradicional puede ser limitada o inexistente. Aunque ha enfrentado desafíos financieros, el proyecto continúa avanzando.

41   *Project Kuiper* es una iniciativa de *Amazon* y pretender proporcionar acceso a Internet de banda ancha a través de una constelación de satélites en la OTB. La idea es, en definitiva, crear una red global de satélites que permita ofrecer servicios de Internet a áreas remotas o insuficientemente conectadas en todo el mundo. Este

ámbito de las mega-constelaciones, invirtiendo no sólo en tecnología de vanguardia[42], sino proporcionando en buena medida servicios de comunicaciones de alta velocidad en todo el mundo.

Este nuevo enfoque ha revolucionado, sin duda, el ámbito de las comunicaciones[43]. Dicho lo anterior, debemos indicar que hay otros campos en los que también se han producido mejoras considerables. Así, por ejemplo, debemos señalar que los satélites diseñados para observar la Tierra han evolucionado no sólo al incorporar sensores de gran resolución, sino también al recolectar datos de manera más rápida. Todo lo cual muestra que la utilización de esta nueva generación de satélites es particularmente adecuada a la hora de monitorizar el clima, la agricultura, la gestión de desastres, la deforestación y otras aplicaciones[44]. Junto a ello debemos indicar que los sistemas de navegación por satélite han sido perfeccionados en precisión y cobertura. Al mismo tiempo, se han articulado ambiciosas misiones de exploración espacial. En este sentido, cobra interés la misión *Mars 2020* ideada y ejecutada por la Administración Nacional de Aeronáutica y el Espacio (NASA por sus siglas en inglés) para determinar si hay signos de vida pasada o presente en el planeta rojo[45]. Además, se debe traer a colación un hecho relevante: el lanzamiento del telescopio espacial *James Webb* el 25 de diciembre del año 2021. Este artefacto está ayudando a los astrónomos a comprender la formación de estrellas y galaxias, la evolución de los sistemas solares y la

---

proyecto arrancó en el año 2019 y se encuentra, en estos momentos, en plena etapa de desarrollo.

42   Con respecto a la aseveración vertida, debemos mencionar que los satélites actuales están incorporando avances tecnológicos en áreas como la relativa a la energía solar, propulsión iónica, sistemas autónomos, etc.

43   Los satélites de comunicaciones en GEO también han evolucionado en la medida en que ofrecen capacidades de banda ancha más grandes y con un mayor rendimiento. Se utilizan en servicios de comunicación por satélite de alta velocidad y transmisión de datos.

44   De acuerdo con lo expuesto, debemos traer a colación los satélites meteorológicos y ambientales que monitorean el clima, los patrones climáticos, así como las condiciones oceánicas y atmosféricas operados por la Administración Nacional Oceánica y Atmosférica, una agencia científica del Departamento de Comercio de los Estados Unidos.

45   La misión se lanzó el 30 de julio del año 2020 y el rover *Perseverance*, parte central de la misión, llevó a cabo una variedad de tareas científicas y tecnológicas en la superficie de Marte.

composición de la atmósfera de los exoplanetas, entre otros objetivos científicos.

Se observa, claramente, que la evolución tecnológica acaecida en estos últimos años está teniendo un profundo impacto. No hay duda de que estos aparatos espaciales son más eficientes y tienen una mayor capacidad que sus predecesores. A raíz de todo ello, podemos concluir que la tecnología satelital del siglo XXI está transformando la forma en que las personas se comunican, acceden a la información y utilizan servicios en todo el mundo. Y, lógicamente, las mega-constelaciones de satélites ubicados en la OTB están en el centro de esta revolución que está proporcionando, fundamentalmente, una conectividad global sobre la que no hay precedente alguno.

1.3. Las mega-constelaciones: la revolución espacial del siglo XXI

Como ya ha quedado dicho, la industria espacial empezó a desarrollarse con fuerza años después del final de la Segunda Guerra Mundial. Es, concretamente, en la década de los sesenta, cuando se produjeron dos hitos fundamentales. Por un lado, la entonces Unión Soviética consiguió, en 1961, enviar al primer ser humano al espacio exterior. Y, por otro lado, Estados Unidos, en 1969, logró colocar a dos de sus nacionales en la Luna[46]. No hay duda de que ambos sucesos modularon la profunda rivalidad que durante aquellos años existió entre los citados países[47].

---

46   El suceso citado tuvo lugar el 20 de julio de 1969 a las 2:56 (hora fijada por medio del principal estándar de tiempo: Tiempo Universal Coordinado), Neil Armstrong ponía un pie en la Luna, al sur del Mar de la Tranquilidad. Ello, evidentemente, supuso un fuerte varapalo para la Unión Soviética que, durante años, trató de alcanzar la superficie lunar antes que su principal enemigo.

47   Al hilo de lo comentado en el cuerpo principal del texto, resultan significativas las palabras pronunciadas por James E. Webb (segundo administrador de la NASA desde 1961 hasta 1968): «I do not believe our Nation could have long continued as a great power if we had not built up the means to conduct operations in space- if we had instead conceded a monopoly of this new dimension of man's activity to the USSR or any other country». Para muchos autores, la carrera espacial articulada por Estados Unidos constituyó una manera en la que enfrentarse a su principal rival y demostrar, llegado el momento, su superioridad. *Vid.* RIECHSTEIN, Andreas, «Space—the Last Cold War Frontier?», *American Studies*, Vol. 44, núm. 1, 1999,

En las décadas siguientes, la industria espacial sufrió cambios importantes en la medida en que la tradicional actuación unilateral de los Estados consistente en la consecución de sus propios logros se vio sustituida por una de carácter pluri-estatal en la que se diseñaron proyectos sumamente ambiciosos en términos de cooperación y colaboración. Así, por ejemplo, en los años ochenta, la NASA propuso la creación de una estación permanente tripulada denominada *Freedom* en la que colaborarían con la agencia espacial de Canadá, Japón y Europa. Este proyecto finalmente no salió adelante; no obstante, propició la creación de la Estación Espacial Internacional (EEI)[48], cuya continuidad ha

---

p. 113-136. Para otros, sin embargo, la exploración espacial —que se intensificó bajo el mandato de Kennedy— tuvo lugar en clave de diálogo y cooperación. En opinión de este sector doctrinal, la carrera espacial auspiciada por los citados países al comienzo de la década de los sesenta no contribuyó —ni mucho menos— a recrudecer la Guerra Fría. En este sentido, Shreve aduce lo siguiente: «Khrushchev, President Kennedy helped transform space exploration into a forum for dialogue between the two nations». *Vid*. SHREVE, Bradley, «The US, The USSR and the space exploration, 1957-1963», *International Journal on World Peace*, Vol. 20, núm. 2, 2003, p. 67-83. Al margen de que optemos por una teoría u otra, debe indicarse que ya en la década de los setenta se produjo cierto acercamiento entre los citados Estados que desembocó en el primer vuelo espacial conjunto. Ello sucedió en el año 1975. Nos estamos refiriendo al proyecto *Apolo-Soyuz*, el cual conllevó el acoplamiento de la nave norteamericana (*Apolo* 18) y la soviética *(Soyuz)*. Es evidente que ambos países trabajaron al unísono, a pesar a las divergencias políticas que todavía existían en esa época. Así pues, no hay duda del tremendo impacto que tuvo la citada operación. De hecho, hoy, ésta está catalogada como un ejemplo de «diplomacia científica». *Vid*. KRASNYAK, Olga, «The Apollo-Soyuz Test Project: Construction of an Ideal Type of Science Diplomacy», *The Hague Journal of Diplomacy*, núm. 13, 2018, p. 410-431.

48 La EEI, puesta en órbita en noviembre de 1998, es la novena estación espacial tripulada. En este contexto, debe indicarse que este proyecto se materializó gracias a la cooperación científica llevada a cabo por la NASA, la Agencia Espacial Federal Rusa, la Agencia Japonesa de Exploración Espacial, la Agencia Espacial Canadiense y la Agencia Espacial Europea (ESA). Durante décadas, ha contado con la participación de más de quince países y, lo que es todavía más importante, ha traído consigo la realización de más de tres mil investigaciones científicas. Es, pues, innegable que dicha estación ha promovido una exploración espacial de envergadura, erigiéndose como «(...) el ejemplo más significativo de la cooperación internacional en cuestiones de la exploración del espacio ultraterrestre». *Vid.* OSORIO, Laura, y UMAÑA, Andrés, «La exploración en el espacio: principio de cooperación», *Revista de Derecho, Comunicaciones y Nuevas Tecnologías*, núm. 12, 2014, p. 1-23.

sido discutida hace unos años con motivo de la antigüedad de su sistema tecnológico[49].

Dicho lo anterior, conviene indicar que la llegada del nuevo siglo ha traído consigo una nueva carrera espacial en virtud de la cual las ansias de alcanzar nuevos hitos en el espacio vuelven a «estar sobre la mesa», promoviéndose la celebración de acuerdos entre las principales agencias espaciales y destacadas compañías[50]. En definitiva, las agencias espaciales gubernamentales están apostando por desarrollar ambiciosas misiones con el propósito de que el ser humano regrese a la Luna[51] e, incluso, llegue a Marte[52]. Y, como acabamos de decir, ciertas empresas han irrumpido con gran fuerza. Lo anterior, indudablemente, muestra la singularidad de la nueva era espacial en la que nos encontramos en la medida en que compañías como *Virgin Galactic*[53] o *Rocket Lab*[54] y otras

---

49 Desde hace un tiempo, la EEI ha entrado en un proceso de irreversible de envejecimiento conforme al cual se advierten, por ejemplo, fallos en su software, así como un incremento del número de fisuras. A raíz de todo ello, la NASA publicó un informe el año pasado conforme al cual puso de relieve la idea de poner fin a su funcionamiento. Documento disponible a continuación:
https://www.nasa.gov/sites/default/files/atoms/files/2022_iss_transition_report-final_tagged.pdf
Los Estados que han participado en las investigaciones realizadas por la EEI se irán desmarcando de manera progresiva hasta llegar a la fecha prevista en la que dejará de estar operativa. Información disponible a continuación: https://spacenews.com/final-module-docks-at-chinas-tiangong-space-station/

50 *Vid.* CHABEN, Jack, «Extending Humanity's Reach: A Public-Private Framework for Space Exploration», *Journal of Strategic Security*, vol. 13, núm. 3, 2020, p. 75-98.

51 *Artemis* es un programa espacial liderado por un conjunto de agencias espaciales (entre ellas la NASA) y empresas privadas que pretenden establecer una base permanente en la superficie lunar. A principios del año que viene, *Artemis* II orbitará la Luna y será, por lo tanto, la primera misión tripulada desde que el Apolo XVII alcanzará su superficie en 1972.

52 Información disponible a continuación:
https://www.space.com/nasa-plans-astronauts-mars-mission-30-days

53 *Virgin Galactic* fue fundada en el año 2004 y pertenece a *Virgin Group* que es, a su vez, propiedad de Richard Branson. Su principal objetivo es promover el turismo espacial en los próximos años. De hecho, en el año 2021, la empresa logró lanzar una tripulación en el *V.S.S. Unity* compuesta, entre otros, por el mencionado fundador. A a finales del mes de junio, fue completado con éxito el primer vuelo suborbital, inaugurando con ello el programa comercial de vuelos suborbitales de la referida compañía.

54 Desde el año 2006, la empresa neozelandesa *Rocket Lab* se propuso lanzar satélites pequeños. En el año 2018, logró enviar al espacio su primer cohete de peque-

muchas están desarrollando una importante labor al —*inter alia*— fomentar viajes al espacio con fines turísticos y contribuir al lanzamiento de satélites con objetivos muy diversos.

Con respecto a las mencionados mega-constelaciones está surgiendo una fuerte controversia, máxime cuando observamos que constituyen una de las últimas tendencias de la industria espacial. Tal y como se determinó al comienzo del presente estudio, estos enjambres tecnológicos se componen de miles de satélites individuales que operan como un único sistema y con un mismo objetivo, complementándose entre sí con el propósito de proporcionar una cobertura prácticamente ininterrumpida[55].

Al hilo de lo recientemente explicado, entendemos que las citadas mega-constelaciones son una parte fundamental de nuestra infraestructura tecnológica[56], trayendo consigo no sólo importantes beneficios y oportunidades, sino también serios desafíos e interrogantes. En este contexto tan particular, determinaremos si existe o no un oportuno marco normativo supranacional y, en el caso de observar deficiencias regulatorias, pondremos de relieve ideas y/o consideraciones esenciales que la normativa internacional debería incorporar con el objetivo de afrontar los innegables

---

ñas dimensiones con un motor fabricado a través de una impresora 3D. Recientemente, se ha sabido que pretende rivalizar con el *Falcon 9* y *Space X* a través de *Neutron* en el lanzamiento de grandes y pequeños satélites. Este año, la citada empresa lanzó dos satélites de la NASA relacionados con la misión TROPICS con el objetivo de observar los ciclones tropicales y mejorar los modelos de pronóstico de tiempo.

55 De acuerdo con lo comentado en el cuerpo principal del texto, tiene interés la definición plasmada a continuación acerca de qué es una constelación: «group of satellites that function together in such a way as to complement each other due to pre-selected orbital-frequency positions at which they are located and provide appropriate ground coverage for various specified purposes, for example, provision of communication, high speed broadband Internet, navigation or monitoring». *Vid.* ABASHIDZE, Aslan, *et al.*, «Satellite constellations: International legal and technical aspects», *Acta Astronautica*, núm. 196, 2022, p. 176-185. La finalidad de las mega-constelaciones es, pues, diversa. Puede, por ejemplo, procurar servicios de carácter bancario e Internet, así como prestar asistencia a aeronaves y a otros artefactos espaciales. Una de las mega-constelaciones más grande es la ya citada *Starlink*.

56 En 2021, el Instituto Americano de Aeronáutica y Astronáutica ya puso de relieve que se estaba produciendo el lanzamiento sin precedentes de satélites, generando importantes riesgos en la órbita terrestre baja.

retos, así como los peligros que —desde hace un tiempo— se han detectado.

1.3.1. Consideraciones generales en torno a las mega-constelaciones

No hay duda de que la industria espacial ha sufrido cambios importantes en los últimos años. De hecho, la opinón doctrinal mayoritaria considera que estamos ante una nueva era espacial (en inglés: «New Space») que engloba lo siguiente: «(…) nano and micro satellites, small satellite launchers, space tourism, space mining including the asteroids and the Moon, as well as the new entrants into the field, which include public and private institutions, large and small universities, startup companies and countries, with no previous space experience»[57]. Algunos autores van más allá y argumentan que nos estamos adentrando peligrosamente en un ciclo completamente nuevo caracterizado por el anhelo/deseo de algunos sujetos de dominar el espacio[58]. Sea o no cierto, de lo que no hay es duda es en estos momentos no sólo han entrado con carácter reciente nuevos actores en este ámbito, sino que la fabricación y el lanzamiento de satélites ocupa un lugar destacado[59]. Ello queda constatado tras cotejar el elevadí-

---

[57]   *Cfr.* INCE, Fuat, «Nano and Micro satellites as the Pillar of the "New Space" Paradigm», *Journal of Aeronautics and Space Technologies*, vol. 13, núm. 2, 2020, p. 236-250.

[58]   *Vid.* CATANI, Carolina, «La sostenibilidad a largo plazo del espacio ultraterrestre: ¿una vuelta a los años '50 y un diálogo impensado?», en CONTI, Cecilia (ed.), *Desarme y no proliferación: un enfoque multidisciplinario*, Universidad de la Defensa Nacional UNDEF, Buenos Aires, 2022, p. 163-178.

[59]   Así lo plasma Fernández-Montesinos Aznar cuando afirma lo siguiente: «el cambio de space-players, para incorporar a los que se identifican como NewSpace, está suponiendo un escenario difícil de predecir, con volúmenes de entre 15000 y 55000 satélites, en su mayoría lanzados por actores comerciales y que son el resultado de la puesta en servicio de mega-constelaciones formadas por cientos o incluso miles de satélites, muchas veces para telecomunicaciones». *Vid.* FERNÁNDEZ-MONTESINOS AZNAR, Federico, y MAYORGA SÁNCHEZ, Jaime Luis, «El nuevo dominio operacional: militarización vs. protección de la actividad espacial», en *Cuadernos de Estrategia, Los retos del espacio exterior: ciencia, industria, seguridad y aspectos legales*, Instituto Español de Estudios Estratégicos, 2021, Madrid, p. 151-212.

simo número de mega-constelaciones[60], así como de *CubeSats*[61] que se encuentran actualmente operativos en el espacio.

Dicho lo anterior, de ahora en adelante focalizaremos nuestra atención en las referidas agrupaciones satelitales con el ánimo de procurar información esencial en torno a éstas. Así las cosas, debe subrayarse que cada uno de los satélites que forma parte de una mega-constelación suele tener un peso inferior a los quinientos kilogramos, siendo su lanzamiento menos costoso si lo comparamos con otros artefactos de mayor tamaño[62]. Asimismo, hay que señalar que siguen la misma ruta que la EEI, es decir: la OTB. De tal manera que se encuentran próximos a la Tierra. Esta cercanía constituye un dato positivo en la medida en que si un determinado grupo de satélites tiene encomendada —por ejemplo— la captura de imágenes parece sencillo concluir que éstas tendrán una buena resolución, especialmente cuando abarquen escasos metros. Redundando en la idea anterior, cabe decir que las señales enviadas desde dicha franja apenas sufren retraso. En definitiva, los servicios que los satélites proporcionan en la OTB son de baja latencia; una cuestión altamente beneficiosa cuando constatamos que muchas de las mega-constelaciones operativas en el espacio tienen como objetivo suministrar acceso a internet[63].

---

60 En relación con las mega-constelaciones, debe indicarse que el número no deja de aumentar de la mano de empresa como *Space X* que, a través de *Starlink*, ha lanzado más de cuatro mil satélites. O *Amazon* que por medio del proyecto *Kuiper* prevé lanzar más de tres mil satélites para el año 2029. Información disponible a continuación: https://www.skyatnightmagazine.com/news/future-megaconstellations/

61 Este tipo de artefactos tienen forma de cubo y su peso oscila entre uno y diez kilos. Es un tipo de nanosatélite. En el siguiente enlace se puede cotejar el número que hay actualmente en el espacio: https://www.nanosats.eu/

62 De acuerdo con lo expresado en el cuerpo principal del texto, cobra interés la siguiente afirmación: «the new technology of the micro and nano satellites makes them more effective and more useful for a wide range of missions and easier to produce and launch than their older larger versions and at a fraction of the cost». *Vid.* İNCE, Fuat, *ob. cit.* Asimismo, otro dato favorable es que, si uno de los satélites que forman parte de dicha agrupación se pierde o no funciona, no conllevará el fin de la misión. La situación será radicalmente diferente si la extrapolamos a un proyecto compuesto por un único y gran satélite.

63 *Vid.* YANG, Zijian *et al.*, «Rethinking LEO Mega-Constellation Routing to Provide Fast Internet Access Services», *Sensors*, núm. 23, 2023, p. 3.

Sin duda, la cuestión relativa a la proximidad de las mega-constelaciones arroja interesantes consideraciones, pero no todas ellas son positivas. Así, por ejemplo, parece evidente que los satélites ubicados en la franja mencionada se deterioran con gran rapidez al encontrar una mayor resistencia atmosférica, teniendo que ser sustituidos o reparados con cierta asiduidad[64]. Asimismo, como consecuencia de su cercana ubicación con la Tierra, se mueven con gran rapidez; únicamente así tienen posibilidad de proporcionar el servicio oportuno. En definitiva, con el ánimo de procurar una cobertura permanente y adecuada es preciso que se desplacen velozmente[65]. Este dinámico movimiento que caracteriza a los satélites que conforman las mega-constelaciones explica el motivo principal por el que son lanzados en grupo, es decir: los satélites ubicados en la OTB van tan rápido que precisan de la compañía de otros[66]; sólo así la comunicación será ininterrumpida. En otras palabras, al desplazarse grupalmente no se pierde la señal, ya que la estación terrestre que recibe los datos en cuestión se conecta a un determinado satélite antes de que el anterior desaparezca en el horizonte. Todo lo cual se traduce en la creación de redes satelitales alrededor de la Tierra.

En este contexto, hay que recalcar —de nuevo— que el lanzamiento de las citadas mega-constelaciones está siendo una constante[67]. Tanto es así que se está generando una situación extremadamente complicada ante el exagerado número de apa-

---

64 En cualquier caso, debemos indicar que las reparaciones no constituyen operaciones particularmente complicadas; son, de hecho, relativamente sencillas. *Vid.* Ince, Fuat, *ob. cit.*

65 En este contexto, resulta esclarecedora la siguiente afirmación: «(…) satellites in LEO move much faster across the sky offering only short windows of approximately ten minutes to observe an individual satellite». *Cfr.* Harrison, Krantz, *et al.*, «Characterization of LEO Satellites with All-Sky Photometric Signatures», *Proceedings of the 2022 AMOS Conference*, 2022. Documento disponible a continuación: https://amostech.com/TechnicalPapers/2022/Poster/Krantz.pdf

66 Frente a ello, hay que mencionar que un único satélite ubicados en GEO ofrece una gran y segura cobertura al encontrarse a una altura considerable.

67 De acuerdo con lo expuesto en el cuerpo principal del texto, debe traerse a colación la siguiente aseveración: «en el año 2020, y a pesar de la pandemia, hubo un total de 85 lanzamientos orbitales con éxito, habiéndose puesto en órbita un total de 1085 satélites, un número sin precedentes en la historia». *Cfr.* Ventura-Traveset Bosch, Javier, «El sector espacial: una extraordinaria oportunidad para Europa», *Los retos del espacio exterior: ciencia, industria, seguridad y aspectos legales*, Instituto Español de Estudios Estratégicos, 2021, Madrid, p. 17-88.

ratos actualmente operativos en la OTB. En torno a estas ideas, conviene indicar que, para el año 2030, se estima que habrá unos diez mil satélites actuando en dicha zona orbital[68]. Como cabe imaginar, esta situación está teniendo consecuencias fatales, puesto que se está produciendo un incremento significativo de la basura espacial[69]. Además, se están generando fuertes inconvenientes para la astronomía[70]. Debe indicarse también que la com-

---

68 *Vid*. PARDINI, Carmen, y ANSELMO, Luciano, «Effects of the deployment and disposal of mega-constellations on human spaceflight operations in low LEO», *Journal of Space Safety Engineering*, 2022, núm. 9, p. 274-279.

69 Hay que ser conscientes de que, durante años, los objetos lanzados al espacio no estaban diseñados para regresar a la Tierra una vez había finalizado su vida útil. Consecuentemente, desde el inicio de la carrera espacial, la presencia de residuos en el espacio no ha hecho más que aumentar, incrementando con ello el riesgo de colisiones y explosiones en el referido entorno. Un ejemplo de lo anterior es el accidente que se produjo, en el año 2009, entre el satélite ruso *Cosmos-2252* y el norteamericano *Iridium 33*. *Vid. Infra*. 221. Dicha colisión provocó más de mil cuatrocientas piezas de escombros de un tamaño mayor de diez centímetros. Así pues, a raíz de la coyuntura actual, hay quienes hacen referencia al síndrome de Kessler, el cual surge con motivo de las reflexiones vertidas —en la década de los setenta— por dos científicos conforme a las cuales se plantearon qué sucedería si fueran numerosos los satélites lanzados con el objetivo de orbitar la Tierra. De acuerdo con la opinión de ambos, dicha situación conllevaría un aumento significativo de la probabilidad de colisión entre satélites. Al mismo tiempo argumentaron que la Tierra se vería rodeada por un cinturón de escombros. *Vid*. KESSLER, Donald, y COUR-PALAIS, Burton, «Collision Frequency of Artificial Satellites: The Creation of a Debris Belt», *Journal of Geophysical Research*, vol. 83, núm. 6, 1978, p. 2637-2646. Parece que los peores y más pesimistas augurios del pasado, constituyen hoy una cruda realidad. Información disponible a continuación:
https://elpais.com/ciencia/2021-08-22/la-irrupcion-de-las-mega-constelaciones-de-satelites-privadas-el-nuevo-foco-de-la-basura-espacial.html?event_log=oklogin?event_log=oklogin
En vista de los claros riesgos que la basura espacial trae consigo, es de sumo interés traer a colación la misión promovida por la ESA llamada *ClearSpace 1* en virtud de la cual se pretende desorbitar residuos espaciales en el año 2025.

70 En este sentido, debe indicarse que las mega-constelaciones están arruinando, entre otras cosas, las labores realizadas por telescopios espaciales como el *Hubble*. Información disponible a continuación:
https://elpais.com/ciencia/2023-03-02/los-satelites-de-elon-musk-tambien-arruinan-la-vista-de-los-telescopios-espaciales-va-a-peor.html
A esta situación se llega con motivo de la contaminación lumínica provocada por los satélites. En este contexto, cobran interés las siguientes afirmaciones: «(...) the resulting streaks of light can mar or hide faint objects of interest or stand in as bogus data. Adding to the problem, "ghost" light can linger in the saturated pixel well past the time an offending satellite has passed out of view, affecting later observations and overall jeopardizing a significant percentage of a night's observing time». *Cfr.* HADHAZY, Adam, «Megaconstellations, mega trouble», *Aerospace*

posición química de la atmósfera está cambiando[71]. Junto a ello, hay que señalar los peligros que se dan en la superficie terrestre con motivo del retorno de los aparatos en desuso o averiados que precisan ser reparados y/o reemplazados[72]. Y, por si todo lo anterior no fuera suficiente, la congestión provocada por los mencionados enjambres satelitales podría dar lugar a la violación del Tratado sobre los principios que deben regir las actividades de los Estados en la exploración y utilización del espacio ultraterrestre, incluso la Luna y otros cuerpos celestes del año 1967 al impedir la presencia de otros en el espacio[73]. Así pues, son muchos y variados los desafíos que las mega-constelaciones están generando. Todo ello nos obligará a averiguar —más adelante— si la regula-

---

America, 2020. Documento disponible a continuación: https://aerospaceamerica. aiaa.org/features/megaconstellations-mega-trouble/

Como consecuencia de este problema, en marzo del presente año, se instó a los científicos a que pusieran fin al perjuicio ocasionado por los satélites en los cielos, argumentando que ello podría suponer una violación de la regulación contenida en el Convenio sobre Contaminación Transfronteriza firmado en Ginebra en 1979. *Vid.* FALCHI, Fabio, *et al.*, «A call for scientists to halt the spoiling of the night sky with artificial light and satellites», *Nature Astronomy*, vol. 7, 2023, p. 237-239.

71   Información disponible a continuación: https://www.gao.gov/products/gao-22-105166

72   En ocasiones, se produce el ingreso no controlado de artefactos a la Tierra. Así sucedió en abril del año 2021 cuando una nave china cayó sin control sobre el Índico. Un año después, otro cohete monitorizado por el gigante asiático colisionó en el océano Pacífico. En ese mismo año, un fragmento de la nave espacial *Crew Dragon* (perteneciente al cohete *Falcon 9*) apareció en Australia. Es evidente, que la vuelta descontrolada de aparatos lanzados al espacio supone un gran riesgo para, entre otras cosas, el ser humano. En este sentido, deben traerse a colación las siguientes afirmaciones: «in 2020, over 60 % of launches to low Earth orbit resulted in a rocket body being abandoned in orbit. Remaining in orbit for days, months or even years, these large objects pose a collision hazard for operational satellites. (…) There is yet another risk (…): when intact stages return to Earth, a substantial fraction of their mass survives the heat of atmospheric reentry as debris. Many of the surviving pieces are potentially lethal, posing serious risks on land, at sea and to people in aeroplanes». *Cfr.* BYERS, Michael, et al., «Unnecessary risks created by uncontrolled rocket reentries», Nature Astronomy, vol. 6, 2022. Documento disponible a continuación:
https://www.nature.com/articles/s41550-022-01718-8

73   Hay que recordar que el tratado mencionado propugna la libertad de acceso al espacio. Como consecuencia de este derecho consagrado en el mencionado acuerdo y la incesante actividad espacial de los últimos años, ha surgido un fuerte debate en torno a dicha libertad. Así quedó reflejado en el Informe elaborado por la Comisión sobre la Utilización del Espacio Ultraterrestre con Fines Pacíficos (COPUOS por sus siglas inglés: *Committee on the Peaceful Uses of Outer Space*) tras la celebración del 59.º periodo de sesiones que tuvo lugar entre el 8 y 17 de junio del año 2016.

ción internacional en vigor es o no suficientemente contundente a la hora de confrontarlos.

1.3.2. Desglosando los elementos esenciales de las mega-constelaciones

Como ya hemos advertido con anterioridad, las mega-constelaciones se nutren de un número elevado de satélites individuales y su propósito es prestar servicios de diversa naturaleza. Teniendo en cuenta lo anterior, resulta de interés destacar que los motivos principales que subyacen cuando se opta por la utilización de este tipo de tecnología son los siguientes: cubrir extensas áreas geográficas y ofrecer una conectividad rápida y confiable. Resulta de interés mencionar los elementos esenciales que acompañan o, más bien, conforman una mega-constelación. Veamos pues, a continuación, cuáles son sus componentes claves.

En un primer momento, debemos indicar que los satélites constituyen, como es lógico, la pieza fundamental de una mega-constelación. Como ya quedó indicado, estos aparatos pueden situarse en la órbita baja, media o alta, dependiendo fundamentalmente de los objetivos específicos que asuma la misión en cuestión[74]; sea como fuere, generalmente, se ubican en la OTB. Además, es preciso remarcar que estos artilugios suelen ser más pequeños y livianos si los comparamos con los tradicionales.

En este contexto, debemos mencionar el recurso relativo a la órbita como otro elemento esencial que debemos tener muy presente. Es más, los citados enjambres satelitales se inclinan, en ocasiones, por establecer una combinación de éstas con el pro-

---

74   De acuerdo con lo expuesto en el cuerpo principal del texto, debemos indicar que los satélites diseñados para observar la Tierra suelen colocarse en órbitas polares para de este modo disponer de una cobertura global, mientras que los satélites destinados a ofrecer servicios de comunicación se ubican generalmente en órbitas ecuatoriales o geoestacionarias. Al hilo de lo comentado, debemos incidir en la idea de que la duración de una misión influye en la utilización de una determinada órbita, puesto que algunas son más estables que otras. Así las cosas, la vida útil de un satélite puede verse seriamente mermada en el caso de que se escoja la órbita equivocada. Además de lo anterior, debemos ser conscientes de que ciertas aplicaciones satelitales, como la relativa a la vigilancia militar, pueden llevar a pensar que una órbita en cuestión sea más adecuada que otra.

pósito de garantizar una cobertura continua[75]. Asimismo, como hemos indicado en el párrafo anterior, el despliegue de los referidos apartados suele producirse en las órbitas bajas debido a su menor latencia y a la capacidad de proporcionar una conectividad más rápida.

Junto a lo previamente expuesto, debemos traer a colación las antenas (tanto terrestres como espaciales[76]), ya que facilitan la comunicación entre los satélites, así como entre éstos y la Tierra. En otras palabras, éstas cumplen una función principal a la hora de transmitir y recibir señales de radiofrecuencia conforme a las cuales se envía información en forma de ondas[77]. Conviene aclarar que las características exactas de las citadas antenas variarán de acuerdo con los objetivos que asuma la mega-constelación de turno.

Asimismo, es de vital importancia mencionar los sistemas de control y navegación que utilizan los satélites en la medida en que ello garantiza su correcta orientación y posición. En definitiva, estos mecanismos aseguran el funcionamiento adecuado, así como la eficiencia operativa de estos instrumentos. De lo anteriormente explicado, apreciamos la utilidad de los citados sistemas, puesto que permiten una monitorización constante de las referidas máquinas, calculando trayectorias y otros datos de interés para —*inter alia*— evitar colisiones con otros satélites y/o desechos espaciales[78].

---

75   Por medio de la utilización de órbitas diferentes los satélites pueden proporcionar una cobertura más completa de la Tierra. Así las cosas, una mega-constelación puede incluir satélites en órbitas polares para ofrecer una cobertura global constante, así como en órbitas ecuatoriales o geoestacionarias para cubrir áreas específicas con un mayor tráfico de datos.

76   Las antenas terrestres se utilizan para recibir las señales transmitidas por los satélites y pueden ser parte de su infraestructura de control y operación. En cuanto a las espaciales, debe indicarse que los satélites las llevan a bordo para transmitir información a la Tierra o a otras naves espaciales. Estas antenas pueden ser de diversos tipos como, por ejemplo, las antenas parabólicas, antenas de ranura, antenas de parche, o incluso antenas de matriz *phased array*.

77   Estas ondas —como ya veremos más adelante— transportan datos, voz, imágenes u otro tipo de información.

78   Además de lo expuesto, debemos subrayar que, a lo largo del tiempo, los satélites pueden experimentar pequeñas variaciones en sus órbitas debido a las fuerzas gravitacionales y a otros factores. Así pues, el sistema de control y navegación permite realizar los ajustes precisos cuando ello sea necesario y mantener, de este modo,

Sin duda, debemos hacer hincapié también en la energía, puesto que se trata de un recurso necesario que alimenta los sistemas electrónicos pertinentes conforme a la cuales el enjambre satelital prestará sus servicios, así como otros subsistemas esenciales. Ésta puede procurarse tanto por medio de paneles solares[79] como por baterías[80]. Además de lo anterior, es importante subrayar que los satélites suelen estar diseñados para ser eficientes en términos energéticos, lo que conlleva la utilización de tecnologías de bajo consumo[81].

Finalmente, debe traerse a colación la tecnología de enrutamiento y conmutación existente en todo satélite conforme a la cual se dirige y gestiona el tráfico de datos que deben transmitirse entre los satélites en órbita y las estaciones terrestres. Como cabe suponer, este mecanismo se erige como un componente esencial a la hora de garantizar una comunicación eficiente y confiable. En este sentido, debemos indicar que la mayoría de los referidos enjambres satelitales utilizan una conmutación de paquetes para transmitir datos. Concretamente, la información se divide en paquetes pequeños que se envían por separado y, posteriormente, se vuelven a ensamblar en su destino. Esta forma de conmutación es eficiente y escalable, lo que la hace particularmente adecuada para el almacenaje, gestión y transmisión de una gran cantidad de datos/información[82].

A la luz de lo expresado en los párrafos anteriores, debemos indicar que todos estos elementos trabajan de manera conjunta

---

la constelación en un estado operativo óptimo. Al hilo de lo anterior, debemos mencionar también que de acuerdo con el citado mecanismo se pueden detectar anomalías operativas. Todo lo cual releva la importancia del mencionado sistema.

79   La mayoría de los satélites obtienen su energía a través de paneles solares que convierten la luz solar en electricidad. Éstos suelen estar ubicados en la superficie del satélite y se despliegan para maximizar la exposición al Sol.

80   Los satélites cuentan con baterías recargables para almacenar energía durante los períodos en los que están en sombra.

81   En algunos casos, los satélites pueden utilizar sistemas de propulsión que también dependen de la energía para realizar maniobras orbitales y ajustes de posición.

82   De acuerdo con lo expuesto, debe señalarse que las mega-constelaciones implementan protocolos de comunicación específicos para gestionar el intercambio de información entre satélites y estaciones terrestres. Éstos definen cómo se empaquetan, envían y reciben los datos, así como los procedimientos de control de flujo y corrección de errores.

para formar una infraestructura compleja y altamente coordinada que permite a las mega-constelaciones cumplir con sus objetivos de proporcionar, *inter alia*, conectividad global, observación de la Tierra, así como servicios de comunicación avanzados.

1.3.3. Casos destacados: *Starlink, OneWeb* y otros

Las mega-constelaciones no solo representan un avance tecnológico en la exploración espacial, sino que también están teniendo un fuerte impacto económico y social. En línea con esta aseveración, debemos afirmar con contundencia que la comentada tecnología espacial está transformando de manera significativa el mundo en el que vivimos al promover —entre otras cuestiones— la conectividad global[83], la innovación tecnológica, así como el desarrollo y la apertura de nuevos mercados y servicios[84]. En vista de todo ello, debemos hacer hincapié en algunas de las estrategias y misiones que se están desarrollando por las principales empresas dedicadas al lanzamiento y despliegue de mega-constelaciones.

Consecuentemente, debemos traer a colación en un primer momento el impacto que está teniendo la actuación llevada a cabo por la empresa *SpaceX*, fundada —como ya comentamos con anterioridad— por Elon Musk. En este sentido, debemos subrayar que esta compañía se ha marcado el siguiente objetivo: proporcionar servicios de internet de alta velocidad en todo el mundo. A estos efectos, hay que subrayar que ésta lleva ya unos años construyendo la mega-constelación *Starlink*. Concretamente, desde el año 2019, se han lanzado más de tres mil satélites[85]. A mediados del presente año, se articuló la misión número cincuenta conforme a la cual veintidós satélites más fueron lanzados a través

---

83   En definitiva, las mega-constelaciones están proporcionando en gran medida un acceso global a Internet, mejorando fundamentalmente la comunicación en lugares remotos con todo lo que ello trae consigo.

84   Al hilo de lo expuesto, debemos mencionar como ejemplos los servicios destinados a procurar una observación adecuada de la Tierra. Asimismo, cobra importancia el beneficio que se puede generar a través de una agricultura de precisión o los servicios médicos proporcionados con carácter digital.

85   *Vid*. YARNPHAT, Shaengchart y TANPAT, Kraiwanit, «Starlink satellite project impact on the Internet provider service in emerging economies», *Research in Globalization*, núm. 6, 2023, p. 1-7.

del *Falcon 9*. A finales de la presente década, se calcula que se habrán lanzado alrededor de treinta mil aparatos de esta clase al espacio[86]. En este contexto, debemos mencionar que, tras la invasión rusa, *Space X* ha facilitado más de veinte mil terminales *Starlink* a Ucrania con un valor aproximado de ochenta millones de dólares[87], siendo su intervención fundamental a la hora de —entre otras cosas— garantizar las comunicaciones militares[88]. Esta última cuestión, está poniendo sobre la mesa un desafío particularmente grave: el riesgo cada vez más evidente que incide en la militarización potencial del espacio[89].

Asimismo, debemos traer a colación la empresa *OneWeb* en la que participaron inicialmente empresas como *SoftBank* y *Airbus* con el objetivo de proporcionar una conectividad global a través de una red de satélites ubicados en la OTB. Cobra interés indicar que los aparatos lanzados por la citada compañía son, como no podía ser de otro modo, pequeños y ligeros[90]. Además, se encuentran debidamente equipados con una especie de imán capaz de albergar técnicas de captura para la eliminación de aparatos en desuso[91].

---

86 *Vid.* JORDÁN, Javier, «Competición entre grandes potencias y militarización del espacio exterior», *Araucaria. Revista Iberoamericana de Filosofía, Política, Humanidades y Relaciones Internacionales*, núm. 53, 2023, p. 169-194.

87 *Vid.* GÓMEZ, Doris, «Internet en el contexto de policrisis global», *Forum Revista*, núm. 24, 2023, p. 285-305

88 A finales del año 2022, Elon Musk manifestaba la imposibilidad de que *Starlink* siguiera prestando sus servicios en Ucrania ante el alto coste que ello le estaba suponiendo a la empresa.

89 *Vid.* JORDÁN, Javier, *ob. cit.* Ello se debe, en gran medida, a los significativos avances que se están produciendo en la industria espacial. Y, como es lógico, las mega-constelaciones están desarrollando un papel esencial en este ámbito.

90 En torno a esta cuestión, cobra interés la siguientes información: «the OneWeb constellation uses small satellites that carry innovative, compact, light-weight, and cost effective payloads and sensors that could last a minimum of 5 years of operational lifetime at 1200 km altitude. The mass of each satellite is approximately 150 kg, and the dimension is roughly 1 m x 1 m x 1.2 m in stowed position. The satellite consists of two solar panels that extend out when in its fully deployed configuration, and they are capable of rotation about its boom for Sun tracking». *Vid.* YOON, Yoke, *et al.*, «Navigating a large satellite constellation in the new space era: An operational perspective», *Journal of Space Safety Engineering*, núm. 10, 2023, p. 531-537.

91 *Ibidem.*

Junto a lo anterior, cobra interés mencionar que el arranque de esta compañía se sitúa en febrero del año 2019. Fue en ese preciso momento cuando se lanzaron los primeros artefactos desde la Guayana Francesa a través del cohete *Soyuz-2*. Con el transcurso del tiempo, el número de satélites ha aumentado de manera considerable. Recientemente, en marzo del presente año, se completó con éxito dieciocho lanzamientos conforme a los cuales seiscientos veintidós satélites habían sido desplegados en, fundamentalmente, la OTB. Asimismo, debe indicarse que durante el pasado mes de septiembre se supo que dicha compañía iba a fusionarse con *Eutelsat*[92], lo que conllevó la aparición —un mes después— del primer operador satelital multi orbital (en GEO y en la OTB).

Al hilo de todas estas consideraciones, debe necesariamente mencionarse el proyecto *Kuiper* que como ya fue indicado pertenece a la empresa norteamericana *Amazon*. Al igual que las anteriores compañías, la iniciativa en cuestión tiene como objetivo fundamental procurar servicios de banda ancha en todo el mundo[93]. Así las cosas, el pasado mes de octubre se lanzaron con éxito los dos primeros prototipos de satélites a bordo de un cohete perteneciente a la empresa *United Launch Alliance* desde Cabo Cañaveral. En vista de que los resultados obtenidos han sido positivos, se harán —casi con toda seguridad— nuevos lanzamientos a mediados del año 2024.

---

92 Se trata de una empresa de telecomunicaciones con sede en Francia y fundada en 1977. Al hilo de lo expuesto, debe indicarse que la citada empresa experimentó una crisis de liquidez que a punto estuvo de llevarle a una situación de bancarrota en marzo del año 2020. En este sentido, las causas principales fueron la pandemia provocada por la COVID-19, así como la recesión del mercado de valores.

93 Al hilo de lo planteado en el cuerpo principal, resulta de interés traer a colación la empresa *Blue Origin* en la medida en que se trata de una empresa norteamericana de transporte espacial creada en el año 2000 por Jeff Bezos quien a su vez fundó *Amazon*. Recientemente, se ha sabido que la NASA realizará una colaboración con la citada empresa para la configuración del módulo de aterrizaje *Blue Moon*, el cual será utilizado para la misión *Artemis V* que presumiblemente tendrá lugar en el año 2028. *Artemis V* representa la tercera etapa de un conjunto de misiones dentro del ambicioso programa lunar de la NASA que pretende llevar a los seres humanos a la superficie lunar. En esta iniciativa conjunta, *Blue Origin* se asociará con reconocidos colaboradores como *Lockheed Martin, Draper, Boeing, Astrobotic* y *Honeybee Robotics*.

Rocket Lab está también desarrollando una labor fundamental en este ámbito en la medida en que se trata de una empresa que proporciona servicios de lanzamiento. En este orden de ideas, destaca la actuación llevada a cabo por el cohete *Electron,* el cual se erige como una de las aeronaves más utilizadas a la hora de desplegar satélites. Recientemente, se ha sabido que esta empresa está construyendo uno nuevo artefacto reutilizable llamado *Neutron* que pretende servir como vehículo de lanzamiento para mega-constelaciones, así como para llevar a cabo misiones interplanetarias[94].

Otras empresas menos conocidas como *Pixxel* están jugando también un papel relevante en este marco. A estos efectos, debemos indicar que la labor primordial de la referida compañía india gira en torno a la construcción de enjambres satelitales que capten imágenes terrestres que tengan utilidad para la agricultura, el medio ambiente, la energía, la minería, etc[95]. Los dos primeros satélites de la constelación, *Technology Demonstration-2* y *Technology Demonstration-1*, fueron lanzados el 1 de abril y el 26 de noviembre de 2022 respectivamente. Asimismo, debe traerse a colación la compañía canadiense *Keppler Communications* que está en proceso de crear una mega-constelación de satélites de pequeño tamaño o *CubeSats* con el propósito de ofrecer conectividad a otros aparatos satelitales y estaciones terrestres, facilitando el intercambio de datos desde y hacia naves espaciales[96]. La finalidad principal es actuar como puntos de conexión en la transmisión de datos para todos en el espacio. Vemos, por tanto, que hay un amplio y variado elenco de empresas espaciales destinadas a jugar un papel esencial en los años venideros.

---

94   La empresa mencionada en el cuerpo del texto ha firmado un acuerdo con el Instituto Avanzado de Ciencia y Tecnología de Corea con la intención de lanzar un satélite que observe la Tierra. Ello, según parece, tendrá lugar a principios del año 2024.

95   Se trata, por tanto, de ofrecer una cobertura de carácter global para detectar y predecir fenómenos globales.

96   El pasado mes de marzo se lanzaron dos satélites más de los trece que se encuentran ya en órbita con la finalidad de crear una red espacial de telecomunicaciones.

CAPÍTULO 2

ORDENANDO EL ESPACIO DESDE 1967: UN ANÁLISIS DE LA NORMATIVA ADOPTADA ANTE EL LANZAMIENTO MASIVO DE MEGA-CONSTELACIONES EN PLENO SIGLO XXI

2.1. Explorando los tratados internacionales relativos al espacio

La regulación internacional existente en el ámbito espacial hace referencia a un conjunto de acuerdos adoptados fundamentalmente en la década de los sesenta y setenta que tienen como objetivo principal garantizar el uso pacífico del comentado entorno. En torno a esta breve y sencilla afirmación, son muchos los interrogantes que surgen. Así, por ejemplo, cabría plantearse lo siguiente: ¿qué debe entenderse por un uso pacífico del espacio ultraterrestre? Más concretamente, cabría lanzar la siguiente cuestión: ¿qué fórmula ha seguido la normativa supranacional a la hora de promover el uso pacífico del referido entorno? ¿Ha abogado por la desmilitarización total del espacio? ¿Se refiere tan sólo a la no realización de actos de agresión? Todas estas incógnitas que —a nuestro modo de ver— surgen de manera natural y razonable, exigen respuestas convincentes. Así pues, nuestro objetivo es proporcionar en el presente capítulo un análisis en detalle de lo que estipulan los tratados adoptados con el propósito de concluir si su contenido resulta o no oportuno, especialmente a la luz de los desafíos que las mega-constelaciones están planteando en pleno siglo XXI. Analizaremos, además, otro tipo de estrategias para así ofrecer una «foto completa» acerca de las acciones que en este marco han sido adoptadas y determinar, como acabamos de comentar, su idoneidad de acuerdo con los retos generados con motivo del lanzamiento constante de los referidos enjambres satelitales.

Así las cosas, examinaremos en el presente apartado la regulación internacional actualmente aplicable promovida en gran medida por un órgano subsidiario de la Organización de las Naciones Unidas (ONU): la COPUOS. Consecuentemente, el derecho internacional existente en el ámbito espacial es no sólo fruto de los esfuerzos realizados por los Estados a lo largo de los años, sino que es además producto de la innegable y destacada labor realizada por la referida Comisión. Es más, la creación de la citada entidad significó «(…) el primer esfuerzo para establecer una regulación espacial internacional y, al tiempo, el primer foro de cooperación en estas materias»[97].

Habiendo aclarado lo anterior, debemos —en un primer momento— traer a colación el Tratado sobre los principios que deben regir las actividades de los Estados en la exploración y utilización del espacio ultraterrestre, incluso la Luna y otros cuerpos celestes de 1967, el cual determina que el espacio es patrimonio de toda la humanidad. Así queda especificado en el primer precepto legal: «la exploración y utilización del espacio ultraterrestre, incluso la Luna y otros cuerpos celestes, deberán hacerse en provecho y en interés de todos los países, sea cual fuere su grado de desarrollo económico y científico, e incumben a toda la humanidad».

A continuación, el artículo II hace referencia a la siguiente cuestión: «el espacio ultraterrestre, incluso la Luna y otros cuerpos celestes, no podrá ser objeto de apropiación nacional por reivindicación de soberanía, uso u ocupación, ni de ninguna otra manera». Asimismo, la citada herramienta indica —en el precepto tercero— que las actividades de exploración y utilización en este

---

97 *Cfr.* Mayo Muñoz, Luis, «Cooperación internacional», *Cuadernos de estrategia*, núm. 170, 2014, p. 93-118.

ámbito deben realizarse de conformidad con el derecho internacional, haciendo referencia expresa a la Carta de la ONU.

Así pues, tras leer con atención las primeras normas del tratado adoptado a finales de los años sesenta, comprendemos casi al instante la clase o el tipo de conducta que debe imperar —al menos, *prima facie*— en el espacio ultraterrestre. En definitiva, los Estados deben tener presente que la exploración y la utilización del espacio debe articularse en beneficio e interés de todos los países que integran la comunidad internacional. Es más, el acceso a dicho entorno debe enmarcarse bajo el principio de igualdad y libertad. De tal manera que no pueden imponerse condiciones o generarse situaciones que conlleven situaciones discriminatorias[98]. Además, los mencionados sujetos deben procurar la cooperación internacional pertinente, así como proporcionar la asistencia mutua oportuna.

Es evidente que la herramienta jurídica objeto de análisis impone límites. A estos efectos, debe traerse a colación —de nuevo— el artículo II, el cual impide la apropiación de la Luna y otros cuerpos celestes. En una línea muy similar comprobamos que el precepto legal cuarto prohíbe a los Estados colocar artefactos alrededor de la Tierra que contengan armas nucleares, así como de destrucción masiva. Tampoco se pueden emplazar este tipo de armas en los cuerpos celestes ni en el espacio ultraterrestre. Y, a continuación, fija la responsabilidad de los mencionados sujetos en el caso de que de las actividades nacionales no se adecúen a lo estipulado en el tratado.

Particularmente interesante, a los efectos del presente estudio, es el artículo VII, el cual indica que los Estados que lancen o promuevan lanzamientos serán responsables internacionalmente de los daños causados a otro Estado parte, así como de los perjuicios provocados a sus personas (ya sean naturales o jurídicas).

---

98   En torno a lo expuesto cobra interés la siguiente declaración: «the legal rules of freedom of exploration and use by all state without any element of bias, and the rule of the exploration and use should be accomplished on the basis of equality based on the international law». *Cfr.* CHE ZUHAIDA, Saari, «The Roles of Outer Space Treaty 1967 in promoting international peace», en SAHID, Muamilin y otros (ed.), *Syariah and Law discourse: special series*, Universiti Sains Islam Malaysia, Malasia, 2019, p. 4-13.

Ello abarcará no sólo el objeto en sí, sino también las partes que puedan desprenderse del mismo.

A la luz de lo comentado en estos párrafos, no nos extraña en exceso averiguar que el comentado instrumento jurídico ha recibido —desde su adopción prácticamente— la categoría de Carta Magna del espacio[99]. No obstante, son notables las carencias que podemos advertir en su contenido, puesto que —entre otras cosas— nada se dice acerca de la utilización de armas convencionales en el espacio. Es más, la prohibición de emplear cualquier tipo de armamento únicamente se establece con respecto a la Luna y cuerpos celestes. En este contexto, debemos subrayar que el instrumento jurídico objeto del presente análisis guarda silencio en relación con la utilización de éstas en el entorno espacial como tal. Consecuentemente, nos mostramos conformes con GUTIÉRREZ ESPADA cuando afirma que a través del Tratado de 1967 «(…) el espacio ultraterrestre propiamente dicho se desmilitariza sólo parcialmente, al proscribirse un tipo concreto de armas: las de destrucción en masa»[100]. A su juicio, esta tesis queda corroborada cuando en el párrafo 2 del artículo IV se indica lo siguiente:

> «La Luna y los demás cuerpos celestes se utilizarán exclusivamente con fines pacíficos por todos los Estados Partes en el Tratado. Queda prohibido establecer en los cuerpos celestes bases, instalaciones y fortificaciones militares, efectuar ensayos con cualquier tipo de armas y realizar maniobras militares. No se prohíbe la utilización de personal militar para investigaciones científicas ni para cualquier otro objetivo pacífico. Tampoco se prohíbe la utilización de cualquier equipo o medios necesarios para la exploración de la Luna y de otros cuerpos celestes con fines pacíficos»[101].

Siguiendo con un análisis exhaustivo del tratado en cuestión, advertimos que la responsabilidad que se establece ante una conducta negligente en este ámbito recae únicamente en los Estados, lo cual refleja la naturaleza desfasada del mismo en la medida en que como ya hemos visto hay, en la actualidad, numerosas empresas cuyo ámbito de actuación se circunscribe al espacio

---

99   *Vid*. BRAVO NAVARRO, Martín, «Acuerdo Internacional sobre la Luna», *Consejo Superior de Investigaciones Científicas*, núm. 417, 1980, p. 71-81.

100 *Cfr*. GUTIÉRREZ ESPADA, Cesáreo, «Los grandes retos del derecho del espacio ultraterrestre», *Anuario de derecho internacional*, XIII, 1997, p. 177-212.

101 *Ibidem.*

ultraterrestre[102]. No obstante, debemos mencionar que dicho instrumento hace referencia a las entidades no gubernamentales[103], si bien es cierto que el impacto o la repercusión de sus actos se encuentran —a tenor de lo dispuesto en el tratado— vinculados al país del que son nacionales, asumiendo este último el compromiso final de cumplir con las obligaciones previstas en él. En definitiva, son los Estados, los cuales se erigen como los sujetos principales en el plano del derecho internacional, los que deben cumplir con las obligaciones impuestas en el referido acuerdo jurídico. Por lo tanto, hoy por hoy, no existe la posibilidad de exigir a las empresas la responsabilidad pertinente ante una conducta negligente de acuerdo con lo previsto en dicho tratado.

Por si lo anterior no fuera poco, debemos añadir que no se proporciona definición alguna en torno a la siguiente expresión: «fines pacíficos». Esta fatal omisión ha traído consigo la discusión oportuna en virtud de la cual cierto sector doctrinal lo ha relacionado con un uso no militar del entorno espacial, frente al sector opuesto que defiende una acepción basada en un uso no agresivo[104]. Es evidente que estas dos interpretaciones conllevan o tienen implicaciones dispares. Así pues, el debate está servido, especialmente cuando constatamos que el interés mostrado por un buen puñado de Estados con respecto al espacio no ha dejado de crecer en estos últimos años.

---

102 Como es lógico, la herramienta jurídica objeto de análisis no contaba con el hecho de que en el siglo XXI el espacio sería objeto de una intensa explotación comercial. Debemos recordar que en el momento en el que fue adoptada eran únicamente los Estados los que disponían de verdadera capacidad para realizar actividades en el espacio. *Vid.* DAVALOS, Juan, «International standards in regulating space travel: clarifying ambiguities in the commercial era of outer space», *Emory International Law Review*, Vol. 30, 2016, p. 597-622.

103 *Vid.* MARTÍN GADEA, Abundio, «El Tratado de Derecho del Espacio Ultraterrestre», *Revista Electrónica de Derecho Internacional Contemporáneo*, núm. 1, 2018, p. 60-64.

104 En torno a estas ideas, Christol declara lo siguiente: «with the development of a creative science and an innovative technology, attention has been given in recent years to a clarification of the meaning to be accorded to peaceful purposes and to the militarization of the space environment». *Cfr.* CHRISTOL, Karl, «The common interest in the exploration, use and exploitation of outer space for peaceful purposes: the Soviet-American dilemma», *Akron Law Journal*, Vol. 18, 2015, p. 193-222. Asimismo: *Vid.* MARKOFF, Marko, «Disarmament and "peaceful purposes" provisions in the 1967 Outer Space Treaty», *Journal of Space Law*, Vol. 4, 1976, p. 3-22. *Vid. Infra.* Capítulo cuarto.

Sea como fuere, la contribución de este acuerdo no puede ponerse en duda, ya que pese a sus carencias, limitaciones y controversias se trata del «(…) primer instrumento internacional de carácter multilateral en el que el viejo modelo de la extensión de la soberanía estatal sobre todo espacio recién descubierto dio paso a otra filosofía»[105].

Junto a lo anteriormente explicado, debe indicarse que un año después fue adoptado el Acuerdo sobre el salvamento y la devolución de astronautas y la restitución de objetos lanzados al espacio ultraterrestre. Este texto genera obligaciones cuando un determinado Estado descubre que la tripulación de una nave espacial que ha sufrido un accidente «(…) se encuentra en situación de peligro o ha realizado un aterrizaje forzoso o involuntario en un territorio colocado bajo su jurisdicción, en alta mar o en cualquier otro lugar no colocado bajo la jurisdicción de ningún Estado». Si ese fuera el caso, el país parte o suscriptor del acuerdo deberá notificar a la autoridad de lanzamiento, así como al secretario general de la ONU, a quien le corresponderá difundir sin tardanza la noticia por todos los medios apropiados de comunicación de los que disponga. Así lo indica el artículo 1. Resulta de interés señalar que el artículo 6 menciona la posibilidad de que la autoridad de lanzamiento sea no sólo un Estado, sino también una organización internacional intergubernamental. Todo lo cual muestra cierto avance, puesto que no fija su atención en exclusiva sobre los Estados, sino que abarca otros sujetos también relevantes en el plano internacional.

Ahondando en otro tipo de cuestiones, no se proporciona definición alguna en torno a una noción clave: «objeto espacial». Ello, desde nuestro punto de vista, merma su eficacia de manera significativa al no comprender con exactitud una parte crucial del mismo[106]. Nos surge, por lo tanto, la siguiente pregunta: ¿qué

---

105 *Cfr*. Gutiérrez Espada, Cesáreo, «La crisis del derecho del espacio, un desafío para el derecho internacional del nuevo siglo», *Anuario Español de Derecho Internacional*, 1999, Vol. XV, p. 235-272.

106 Numerosos autores proporcionan una clasificación útil en torno a los distintos tipos de objetos espaciales que pueden existir. En este sentido, cobra interés la aportación realizada por Botero Urrea. *Vid*. Botero Urrea, Laura, «Régimen jurídico de los objetos espaciales», *Revista de Derecho, Comunicaciones y Nuevas Tecnologías*, núm. 10, 2013, p. 3-25.

artefactos quedan verdaderamente bajo su ámbito aplicación? No se trata de una cuestión baladí el no poder responder con un auténtico conocimiento de causa.

En cualquier caso, de acuerdo con el tema que aquí nos ocupa, consideramos que el artículo 5 presenta un profundo interés al mencionar, entre otras cosas, que si un Estado parte sabe o descubre que un objeto espacial o uno de sus componentes se encuentra en su territorio, en alta mar o en cualquier otro lugar no colocado bajo la jurisdicción de ningún Estado, lo notificará a la autoridad de lanzamiento y al secretario general de la ONU[107]. Así pues, en el marco relativo al lanzamiento de satélites consideramos que este precepto legal podría llegar a ser particularmente valioso. No obstante, esta norma junto con la totalidad del acuerdo no ha recibido en términos generales la debida atención[108]. Dicho lo cual, parece que esta tendencia podría revertirse en el futuro, máxime si tomamos en consideración las estimaciones que se tienen acerca de un aumento significativo del turismo espacial en particular y de la actividad espacial en general[109].

Seguimos avanzando en el tiempo y nos topamos con que en el año 1972 se concretó un nuevo acuerdo: el Convenio sobre la responsabilidad internacional por daños causados por objetos espaciales. Este instrumento determina qué debe entenderse por «daño»[110], así como por «artefacto espacial»[111]. Junto a ello, define

---

107 Al hilo de lo mencionado debe indicarse que en el caso de que un Estado tenga jurisdicción sobre el territorio en que un objeto espacial o partes componentes del mismo hayan sido descubiertos deberá adoptar, a petición de la autoridad de lanzamiento y con la asistencia de dicha autoridad, si se la solicitare, todas las medidas que sean oportunas para recuperarlo.

108 *Vid.* VON DER DUNK, Frans, «A sleeping beauty awakens: the 1968 rescue agreement after forty years», *Journal of Space Law*, núm. 34, 2008, p. 411-434.

109 Se está planteando cierta discusión acerca de si los turistas espaciales podrían ser considerados astronautas. *Ibidem.*

110 De acuerdo con el artículo I a), los daños que puedan generarse en este ámbito equivalen a la pérdida de vidas humanas, las lesiones corporales u otros perjuicios a la salud, así como la pérdida de bienes o los perjuicios causados a bienes de Estados o de personas físicas o morales, o de organizaciones internacionales intergubernamentales.

111 El artículo I d) establece que el término «objeto espacial» abarca también las partes componentes de un objeto espacial, así como el vehículo propulsor y sus partes. Sea como fuere, las dudas persisten en este ámbito. *Vid.* DENNERLEY, Joel, «State

las responsabilidades que surgen en el caso de que un artefacto lazando al espacio cause daños a terceros. A estos efectos, el artículo II estipula lo siguiente: «Un Estado de lanzamiento tendrá responsabilidad absoluta y responderá de los daños causados por un objeto espacial suyo en la superficie de la Tierra o a las aeronaves en vuelo». El precepto legal tercero indica que cuando un objeto espacial cause un daño a las personas o a los bienes a bordo de otro objeto espacial, el Estado del lanzamiento causante del perjuicio será responsable siempre que pueda apreciarse su culpa o la de las personas de las que es responsable.

En vista de lo anteriormente explicado y de acuerdo con el tema objeto de análisis en la presente obra, comprobamos que la herramienta en cuestión presenta gran interés si tenemos en cuenta que el número de satélites orbitando la Tierra está aumentando de manera significativa en estos últimos años. Los riesgos de colisión son, en definitiva, cada vez mayores y más evidentes, especialmente si tenemos en cuenta la ingente cantidad de basura que actualmente existe en el espacio. Por lo tanto, el citado convenio diseñado para fijar la responsabilidad de los Estados se muestra útil *prima facie* a la hora de confrontar los desafíos que en este ámbito se advierten[112].

No obstante, cuando leemos en profundidad la citada herramienta jurídica concluimos que su contenido no contiene normas de peso que verdaderamente puedan hacer frente o contener los retos suscitados en la actualidad con motivo del lanzamiento de los comentados enjambres satelitales, ya que nada se dice/acerca de la responsabilidad que podría tener el Estado que crea el arte-

---

Liability for Space Object Collisions: The Proper Interpretation of "Fault" for the Purposes of International Space Law», *The European Journal of International Law*, Vol. 29 núm. 1, 2018, p. 281-301.

112 Al mismo tiempo, el párrafo primero del artículo VI excluye la responsabilidad de un Estado cuando «(...) demuestre que los daños son total o parcialmente resultado de negligencia grave o de un acto de omisión cometido con la intención de causar daños por parte de un Estados demandante o de personas físicas o morales a quienes este último Estado represente». Junto a ello, el segundo apartado del artículo VI establece que «no se concederá exención alguna en los casos en que los daños sean resultado de actividades desarrolladas por un Estado de lanzamiento en las que no se respete el derecho internacional incluyendo, en especial, la Carta de las Naciones Unidas y el Tratado sobre los principios que deben regir las actividades de los Estados en la exploración y utilización del espacio ultraterrestre, incluso la Luna y otros cuerpos celestes».

facto en cuestión. Tan sólo se habla, como ya mencionamos, del país que lo lanza. En línea con esta idea, tampoco se hace referencia a las personas jurídicas que en la actualidad desempeñan, como ya hemos visto, un papel fundamental en el lanzamiento de objetos al espacio. Como apunta GUTIÉRREZ ESPADA, dada la implicación cada vez mayor del sector privado, habría que adoptar las medidas pertinentes que hagan hincapié en la responsabilidad que éstas tienen en este marco, aunque sea con carácter excepcional, tal y como sucede con la normativa aplicable al espacio aéreo[113].

Además de las cuestiones anteriores, el texto adoptado en 1972 establece en el párrafo dos del artículo XIX que la decisión de la Comisión encargada de determinar la indemnización oportuna no será vinculante, salvo que las partes así lo hayan convenido. Todo lo cual muestra la falta de contundencia que se desprende del texto jurídico. Vemos, claramente, las carencias y limitaciones que acompañan a la referida herramienta jurídica.

Junto a lo previamente explicado, surge —en este punto de la explicación— una pregunta interesante que requiere una respuesta contundente: ¿están los desechos espaciales sometidos al texto adoptado en el año 1972? Como ya vimos, el artículo I d) dictamina qué debe por objeto espacial. Así pues, de acuerdo con dicha definición parece que ésta no abarca o no se refiere a los desechos espaciales *per se*. Este instrumento resulta aplicable, en definitiva, a los componentes de un objeto espacial, por lo que resulta muy «(...) dudoso que otro tipo de desechos, como los destornilladores o llaves inglesa en concreto, y, en general, los objetos que aun yendo a bordo de un objeto espacial no formen parte de su estructura ni de sus partes componentes y no resulten absolutamente necesarios para el funcionamiento del mismo, puedan ser considerados como objetos espaciales»[114].

De manera muy similar, surgen dudas con respecto al término «objeto espacial» en la medida en que nos podríamos plantear qué sucede si el artefacto no logra superar la atmósfera. Parece, pues, que un lanzamiento infructuoso no conllevaría el lanza-

---

113 *Vid*. GUTIÉRREZ ESPADA, Cesáreo, *ob. cit*., 1999.

114 *Vid. Cfr.* GUTIÉRREZ ESPADA, Cesáreo, *ob. cit.,* 1997.

miento de un objeto espacial como tal. Ello ha dado pie a sugerir la introducción de nuevos conceptos y/o definiciones[115].

Consecuentemente, constatamos la debilidad del acuerdo comentado. En definitiva, a la luz de algunos de los desafíos que surgen con motivo del lanzamiento de mega-constelaciones (muchos de los cuales han sido —por el momento— brevemente esbozados), comprobamos que éste se muestra incapaz de paliar o revertir los efectos negativos que en este ámbito se advierten.

Otro acuerdo de interés que debe traerse a colación es el Convenio de registro de objetos lanzados al espacio de 1975 que pretende promover la transparencia en las actividades espaciales. El artículo II indica a estos efectos lo siguiente: «cuando un objeto espacial sea lanzado en órbita terrestre o más allá, el Estado de lanzamiento registrará el objeto espacial por medio de su inscripción en un registro apropiado que llevará a tal efecto. Todo Estado de lanzamiento notificará al Secretario General de las Naciones Unidas la creación de dicho registro». Consecuentemente, los Estados deben mantener un registro de los objetos que lanzan al espacio[116]. Y, a tenor del artículo III, es preciso señalar que el acceso a la información consignada en el registro en cuestión será total y libre.

Conviene discernir entre el Estado de lanzamiento y el de registro; este último —como indica el texto de 1975— puede coincidir con el Estado donde tiene lugar el lanzamiento y en cuyo registro se ha inscrito el objeto espacial. Sin embargo, es posible que esta coincidencia no tenga lugar. Toda esta información será de utilidad de cara a establecer —*inter alia*— la responsabilidad per-

---

115 *Vid.* Galdámez Ballester, Cristina y Ramón Fernández, Francisca, «Objetos, vehículos y tripulaciones en el transporte en el Espacio Ultraterrestre», *Revista de la Facultad de Derecho y Ciencias Políticas,* Vol. 51, núm. 135, 2021, p. 368-395.

116 Así las cosas, el artículo IV indica concretamente lo siguiente: «Todo Estado de registro proporcionará al Secretario General de las Naciones Unidas, en cuanto sea factible, la siguiente información sobre cada objeto espacial inscrito en su registro: a) Nombre del Estado o de los Estados de lanzamiento; b) Una designación apropiada del objeto espacial o su número de registro; c) Fecha y territorio o lugar del lanzamiento; d) Parámetros orbitales básicos, incluso: i) Período nodal; ii) Inclinación; iii) Apogeo; iv) Perigeo. e) Función general del objeto espacial».

tinente en el caso de que el objeto espacial lanzado cause algún tipo de daño[117].

En este contexto, debemos señalar que los anteriores preceptos legales deben tomarse en consideración e interpretarse en sintonía con el artículo VIII del Tratado de 1967 conforme al cual se aduce lo siguiente:

«El Estado Parte en el Tratado, en cuyo registro figura el objeto lanzado al espacio ultraterrestre, retendrá su jurisdicción y control sobre tal objeto, así como sobre todo el personal que vaya en él, mientras se encuentre en el espacio ultraterrestre o en un cuerpo celeste. El derecho de propiedad de los objetos lanzados al espacio ultraterrestre, incluso de los objetos que hayan descendido o se construyan en un cuerpo celeste, y de sus partes componentes, no sufrirá ninguna alteración mientras estén en el espacio ultraterrestre, incluso en un cuerpo celeste, ni en su retorno a la Tierra».

Podemos decir, *grosso modo*, que el propósito del acuerdo es asistir o ayudar en la identificación de objetos espaciales, así como en determinar la nacionalidad de dichos artefactos; sin embargo, WILLIAMS considera que sus disposiciones únicamente sirven para fijar la nacionalidad pertinente de cara a determinar la jurisdicción aplicable[118]. El autor mencionado subraya —literalmente— que la identidad de un objeto queda vinculado o supeditado a los Estados con capacidad para monitorizar esta clase de objetos; todo lo cual implica que su identificación dependerá de la voluntad que tenga ese país de querer cooperar en el proceso de identificación[119]. Consecuentemente, se reduce de manera drástica el número de Estados que podrían —en un momento dado— implicarse en la realización de esta clase de tareas.

Además, el autor mencionado en el párrafo previo denuncia la escasa contundencia del texto objeto de análisis, puesto que a su

---

117 Al hilo de lo expuesto, el artículo VI proclama que en el caso de que las disposiciones del tratado no permitan a un Estado identificar un objeto espacial que haya causado daño a otro o a alguna de sus personas físicas o morales (o sea peligroso o nocivo), los Estados Partes que posean instalaciones para la observación y el rastreo espaciales responderán con la mayor amplitud para identificarlo en la medida de sus posibilidades.

118 *Vid.* WILLIAMS, Christopher, «Space: the cluttered frontier», *Journal of Air and Law Commerce*, Vol. 60, 1995, p. 1139-1189.

119 *Ibidem.*

modo de ver es poca la información que debe suministrarse por parte del Estado de lanzamiento. Así las cosas, indica lo siguiente: «the mandatory orbital information required under Article IV is not particularly useful for trackable objects, and it has no relation whatsoever to the problem of space debris. A state may provide additional information concerning its space objects, but this option is entirely at the individual state's discretion»[120]. Vemos, pues, las carencias que rodean también a este acuerdo; alguna de las cuales —como sucedía con el anterior— incide en la falta de una referencia clara a la basura espacial.

Por último, debemos mencionar el Acuerdo que debe regir las actividades de los Estados en la Luna y otros cuerpos celestes del año 1979. Este instrumento indica que es aplicable al único satélite natural de la Tierra, así como a otros cuerpos celestes del sistema solar distintos de la Tierra, excepto en el caso de que se adopten normas jurídicas específicas con respecto a estos últimos. Se excluye, por tanto, las materias extraterrestres que lleguen a la superficie de la Tierra por medios naturales. Así pues, su ámbito de aplicación queda perfectamente delimitado en los primeros preceptos legales. De hecho, advertimos que el lanzamiento de mega-constelaciones no se ve particularmente afectado por el contenido de este convenio, el cual estipula en el párrafo primero del artículo 11 que la Luna y sus recursos naturales son patrimonio común de la humanidad. Además, en el apartado segundo de la referida norma, se afirma que la Luna no puede ser objeto de apropiación nacional mediante reclamaciones de soberanía, por medio del uso o la ocupación, ni por ningún otro medio. Habiendo aclarado lo anterior, debe indicarse que el impacto que este acuerdo tiene es muy reducido debido, en gran medida, a la falta de apoyo manifestado por aquellos países implicados de manera innegable en el desarrollo de la industria espacial[121].

Comprobamos que los acuerdos traídos a colación en el presente apartado reflejan cierto desfase temporal y, por lo tanto, de contenido con respecto a los avances tecnológicos que han tenido lugar en estos últimos años. De hecho, desde 1979, no han sido adoptados nuevos instrumentos legales con carácter vinculante

---

120 *Cfr.* WILLIAMS, Christopher, *ob. cit*

121 *Vid.* LACLETA MUÑOZ, José Manuel, *ob. cit.*

en este ámbito. En otras palabras, las herramientas jurídicas analizadas fueron, en definitiva, diseñadas tiempo atrás y ello revela su falta de idoneidad de acuerdo con los desafíos que proyectan los artefactos, así como las misiones ideadas en este nuevo siglo caracterizado por un intenso desarrollo técnico y científico. No obstante, cobra interés señalar que —en los últimos años— se han articulado otra clase de estrategias particularmente interesantes en este ámbito, si bien es cierto que no presentan un carácter vinculante. Así lo comprobaremos en el apartado siguiente.

2.2. La importante contribución de la COPUOS en el espacio ante el despliegue incesante de mega-constelaciones

Como hemos visto en el apartado anterior, a finales de la década de los sesenta y durante los años setenta, fueron numerosos los tratados suscritos en este ámbito. Sin embargo, tras la adopción del Acuerdo de la Luna de 1979, no se volvieron a adoptar más convenios. Junto a este relevante dato, hemos comprobado que son numerosas las carencias intrínsecas que cada uno de ellos revela. Éstos, en definitiva, se muestran insuficientes a la hora de contener y, por lo tanto, hacer frente a los desafíos que surgen con motivo del lanzamiento constante de las ya conocidas mega-constelaciones. Sin duda, ésta es la opinión mayoritaria que prevalece[122]. Dicho lo cual, no debemos de dejar de señalar otro tipo de estrategias promovidas por, una vez más, la COPOUS, la cual se constituyó en un primer momento como una comisión *ad hoc* que pretendía ante todo garantizar la utilización pacífica del espacio ultraterrestre[123] y que, un año después (en 1959), pasó a ser un órgano permanente[124].

Si analizamos el contexto y las circunstancias que existían en el momento de la creación de la COPUOS podemos concluir muy rápidamente que ésta pretendía ofrecer respuestas ante una acti-

---

122 *Vid*. Muñoz-Patchen, Chelsea, «Regulating the Space Commons: Treating Space Debris as Abandoned Property in Violation of the Outer Space Treaty», *Chicago Journal of International Law*, Vol. 19, núm. 1, 2018, p. 233-259.

123 Ello fue acordado en la resolución 1348 (XIII) de la Asamblea General de la ONU.

124 La COPUOS cuenta en la actualidad con más de noventa Estados miembros.

vidad espacial que se encontraba en plena ebullición. En otras palabras, debido al creciente interés que mostraban las dos principales potencias del momento con respecto al espacio (la Unión Soviética y Estados Unidos), se llegó a la conclusión de que era necesario regular su uso con el objetivo de que las actividades realizadas en dicho marco fueran fundamentalmente pacíficas y, por tanto, no contrarias a la seguridad internacional. En este sentido, debemos indicar que las fuertes expectativas que se generaron en torno a la aparición de esta comisión no decayeron con el tiempo. Es más, puede decirse que la COPUOS es hoy un órgano indispensable que —*inter alia*— ha auspiciado el desarrollo y la implementación de la normativa oportuna[125], erigiéndose además como el principal centro de coordinación en el marco espacial.

Asimismo, debe indicarse que este órgano subsidiario de la ONU ha adoptado otro tipo de estrategias de profundo calado que serán analizadas en el punto siguiente. No obstante, antes debemos señalar que, dentro de su amplio abanico de funciones, la referida Comisión debe «(…) analizar el estado actual de la cooperación internacional, diseñar y dirigir los programas de cooperación técnica de la ONU en materia espacial, fomentar la investigación y la difusión internacional de información en este campo y, sobre todo, contribuir al desarrollo de la codificación del derecho internacional del espacio»[126]. Es evidente que aquélla ha desempeñado y sigue desempeñando un rol esencial.

En torno a todas estas explicaciones, resulta de interés indicar que la COPUOS cuenta con la ayuda de dos subcomités. Por un lado, debe destacarse la actuación del Subcomité Científico y Técnico (COPUOS-STSC) y, por otro lado, la del Subcomité Jurídico (COPUOS-LSC)[127]. Ambos se reunieron en un primer momento en

---

125 *Vid. Supra.* Apartado 2.1.

126 *Cfr.* González Ferreiro, Elisa, «La regulación de las actividades espaciales como estrategia de seguridad y crecimiento nacional», *Cuadernos de estrategia,* núm. 208, 2021, p. 213-294.

127 De acuerdo con lo expuesto en el cuerpo principal del texto, debe señalarse lo siguiente: «the Scientific and Technical Subcommittee (STSC) covers most of the current topics in space science, space industry and applications, stretching from space debris, near-Earth objects and space weather to space-system-based disaster management support. The Legal Subcommittee reviews the status of the five space treaties, exchanges information and improves capacity building in space law, and debates legal topics such as the definition and delimitation of outer space and

el año 1962, manteniendo a partir de entonces reuniones periódicas con carácter anual. En este contexto, debemos aclarar que el último subcomité mencionado es el que ha realizado —desde nuestro punto de vista— la labor más destacable, puesto que se ocupó en su momento de preparar el actual *corpus iuris spatialis* con toda la repercusión que ello trajo consigo[128].

Asimismo, con el objeto de proporcionar la información más completa posible en torno a la labor de esta Comisión, debemos traer a colación la labor realizada por la Oficina de la ONU para los Asuntos del Espacio Ultraterrestre (UNOOSA, por sus siglas en inglés), la cual actúa como la Secretaría tanto de ésta como de los dos subcomités anteriormente citados. Entre sus funciones principales está la de interactuar con organizaciones gubernamentales y no gubernamentales dedicadas a la realización de actividades en el espacio ultraterrestre. Además, fomenta el diálogo y la colaboración entre Estados y otras organizaciones internacionales; promueve la adopción de normas y principios que deben tomarse en consideración cuando se llevan a cabo actividades en el espacio y proporciona asistencia técnica, capacitación y recursos para el desarrollo de infraestructuras espaciales.

Consecuentemente, todas estas entidades desempeñan un papel crucial con respecto al objetivo principal contenido en el Tratado de 1967 relativo a la utilización pacífica del espacio ultraterrestre. Éstas, como hemos visto, han auspiciado el desarrollo de normas y directrices internacionales con el propósito de regular las actividades espaciales y garantizar que se realicen de manera segura, sostenible y beneficiosa para la humanidad. No obstante, como ya dijimos, han motivado también la adopción de otro tipo de estrategias que van más allá de los acuerdos tradicionales contemplados por el derecho internacional. Así lo veremos en el punto siguiente.

---

the character and utilization of the geostationary orbit». *Cfr.* Yu, Xu, «UNCOPUOS 50 years on: Assessing current dynamics and exploring its future role», *Space policy*, núm. 28, 2012, p. 146-148.

128 *Vid.* LACLETA MUÑOZ, José Manuel, *ob. cit.*

2.2.1. Más allá del *corpus iuris spatialis*: un análisis de las estrategias actuales promovidas por la COPUOS

De acuerdo con lo que en este apartado va a ser abordado, resulta conveniente mencionar que la COPUOS opera mediante consenso, por lo que sus directrices y estrategias se materializan a través de la implicación y colaboración de los Estados que la integran. Ello, como es lógico, se puede tornar en un fuerte obstáculo a la hora de adoptar acuerdos contundentes en la materia. Debemos recordar una vez más que son diversas las acciones que la citada Comisión ha emprendido junto a la promoción de medidas tradicionales y vinculantes que toman la forma de acuerdos o tratados y que fueron debidamente analizados en los apartados anteriores.

En este punto, nos estamos refiriendo a las directrices auspiciadas por la COPUOS. Cobra particular relevancia señalar las que fueron diseñadas con la intención de reducir los desechos espaciales. Debe indicarse, antes de nada, que este delicado asunto ha sido objeto de preocupación para la comunidad científica desde hace ya largas décadas. Más recientemente, el Comité Interinstitucional de Coordinación en materia de Desechos Espaciales (IADC por sus siglas en inglés) elaboró un conjunto de directrices en la materia conforme a las cuales hizo referencia a las prácticas, normas, códigos y manuales sobre la materia elaborados por varias organizaciones nacionales e internacionales que fueron adaptadas por la COPUOS casi de inmediato[129]. Éstas, posteriormente, fueron asimiladas como propias por la AGNU a través de una resolución aprobada en sesión plenaria en el año 2007.

Habiendo aclarado lo anterior, es fundamental incidir en que las referidas directrices pretenden —*grosso modo*— prevenir la creación de nuevos desechos, así como reducir los riesgos que

---

129 *Vid.* Movilla Pateiro, Laura, «¿Hacia un cambio de paradigma en el Derecho del Espacio Ultraterrestre?: Los acuerdos Artemisa», *REDI,* Vol. 73, 2021, p. 285-310. Sea como fuere, debe indicarse que estas directrices se adoptaron en el año 2002 y se revisaron en el año 2007. En paralelo, la Subcomisión de Asuntos Científicos y Técnicos estableció un Grupo de Trabajo sobre desechos espaciales con el propósito de adoptar una serie de recomendaciones, teniendo como punto de partida tanto las directrices mencionadas, como los tratados vigentes.

surgen con motivo de su existencia. En otras palabras, se trata de procurar una gestión responsable de los objetos lanzados al espacio, reducir los riesgos de accidentes[130] y limitar en la medida de lo posible la creación de más basura espacial[131]. Consecuentemente, en dicho documento se hace referencia a la idea de que los restos espaciales deben ser desorbitados tanto los que se encuentran en la OTB como en GEO. Sin embargo, de acuerdo con los datos que se manejan en la actualidad, esta medida no ha contribuido a reducir con carácter drástico los mencionados desechos[132]. Y ello, en buena medida, se debe a que su contenido no es de obligado cumplimiento[133]. Así pues, la existencia de basura espacial sigue siendo un desafío pendiente que debe ser abordado de manera más enérgica.

Junto a ello debe traerse a colación las directrices para la sostenibilidad a largo plazo de las actividades en el espacio ultraterrestre. En este contexto, partiendo de la idea de que las órbitas son un recurso limitado y de que la presencia de mega-constelaciones es ya un hecho innegable, resulta apropiado constatar la adopción de esta medida. Claramente, la COPUOS abogó por la adopción de una estrategia que tuviera como objetivo principal evitar actuaciones que pudieran dañar el entorno espacial para, entre otras cuestiones, propiciar un ámbito operacionalmente estable y seguro. Fue, concretamente, en el año 2019, cuando la Comisión aprobó estas directrices, sugiriendo a los Estados a adoptar la normativa pertinente, tal y como se refleja en la directriz A.1:

> «aprobar, revisar y modificar, según sea necesario, los marcos reguladores nacionales para las actividades en el espacio ultraterrestre, teniendo en cuenta sus obligaciones contraídas en virtud de los tratados de las Naciones Unidas sobre el espacio ultraterrestre, como Estados responsables de sus actividades nacionales en el espacio ultraterrestre y como Estados de lanzamiento».

---

130   Ello se pone claramente de relieve en, entre otros, la directriz número 3.

131   Así queda dispuesto en la directriz número 1.

132   *Vid*. Luján Flores, María, «los desechos espaciales: un desafío pendiente», *Revista de Estudios Jurídicos*, núm. 22, 2022.

133   Debe indicarse, a su vez, que en este ámbito no se han producido los avances técnicos deseados que puedan utilizarse para eliminar con eficacia los residuos que existen en el espacio. *Ibidem.*

Junto a lo anteriormente dispuesto, debe subrayarse el contenido de la directriz A.4, la cual estipula que los Estados deben velar por el uso equitativo, racional y eficiente del espectro de radiofrecuencias y de las diversas regiones orbitales utilizadas por los satélites con el objetivo de procurar la sostenibilidad de los mencionados recursos. El propósito fundamental sobre el que pivotan las referidas directrices es el siguiente: poder realizar actividades en el espacio con carácter indefinido. Asimismo, es preciso subrayar que las comentadas recomendaciones estipulan que las actividades espaciales deben articularse bajo el siguiente parámetro: «acceso equitativo a los beneficios de la exploración y utilización del espacio ultraterrestre con fines pacíficos, a fin de atender las necesidades de las generaciones presentes y, al mismo tiempo, preservar el medio espacial para las generaciones futuras»[134]. Para ello, no sólo se hace referencia —como ya hemos visto— a políticas regulatorias estatales, sino que también se abarcan cuestiones relativas a la seguridad de las operaciones espaciales, la cooperación internacional y la investigación, así como al desarrollo científico y técnico.

Es, pues, incuestionable el valor que tienen estas directrices en la medida en que codifican por primera vez una serie de prácticas que deben implementarse en el espacio; además, éstas han sido secundadas por un alto número de Estados[135]. Sea como fuere, la cuestión relativa a la sostenibilidad del espacio sigue siendo un debate abierto que exige la implementación de medidas aún más concretas. Esta necesidad de seguir avanzando se puso de relieve una vez que aquéllas fueron adoptadas en la medida en que se acordó crear un nuevo grupo trabajo que focalizará sus esfuerzos en elaborar un documento más ambicioso[136].

En todo caso, debemos señalar que las directrices comentadas hacen referencia a cuestiones muy pertinentes dada la intensa actividad espacial que está teniendo lugar hoy. Sin embargo,

---

134 NOTA VACÍA

135 *Cfr*. MARTÍNEZ, Peter, «UN COPUOS Guidelines for the Long-Term Sustainability of Outer Space Activities: Early implementation experiences and next steps in COPUOS», *Journal of Space Engineering*, Vol. 8, 2021, p. 98-107.

136 *Vid*. MARTÍNEZ, Peter, «The development and implementation of international UN guidelines for the long-term sustainability of outer space activities», *Advances in Space Research*, Vol. 72, 2023, p. 2597-2606.

como ya sucedió con las adoptadas en el año 2007, su contenido no es de obligado cumplimiento. Son, por decirlo de otro modo, instrumentos de *soft law* que tratan de abarcar y contener los desafíos que se dan en la actualidad; todo lo cual resulta particularmente oportuno si constatamos —como ya hemos hecho— las carencias legislativas que presenta el ordenamiento jurídico internacional en este marco. No obstante, como acabamos de señalar, su carácter facultativo hace que no puedan erigirse como el mecanismo más adecuado y sólido, siempre que la pretensión de la comunidad internacional sea la de atajar y, por lo tanto, resolver de manera contundente los desafíos que traen consigo el lanzamiento de —*inter alia*— mega-constelaciones.

A raíz de todas estas afirmaciones no podemos sino mostrar nuestra conformidad con las siguientes aseveraciones: «(...) [se aprecia] un desajuste entre el estado de desarrollo actual del Derecho del espacio y los nuevos desafíos que plantean las actividades espaciales. Al mismo tiempo, ese sector del ordenamiento jurídico internacional arrastra desde sus orígenes ciertas lagunas jurídicas que se hacen más patentes a medida que se desarrollan las actividades espaciales»[137]. Vemos, pues, que los pasos que se están dando son significativos, pero no suficientes.

2.3. La importante contribución de la Unión Internacional de las Telecomunicaciones ante el constante lanzamiento de mega-constelaciones

La regulación internacional aplicable a los satélites hace referencia a un conjunto de normas y acuerdos que se focalizan en garantizar un uso seguro y eficiente del espacio ultraterrestre. En este sentido, cobran interés los tratados internacionales ya mencionados. Junto a lo anterior, debe destacarse el papel de la Unión Internacional de Telecomunicaciones (UIT)[138] en la medida

---

137 *Cfr.* MOVILLA PATEIRO, Laura, *ob. cit.*

138 La UIT, fundada en el siglo XIX, tiene como objetivo facilitar la conectividad internacional de las redes de comunicaciones. En este orden de ideas, Moylan proclama lo siguiente: «since its inception, the ITU has demonstrated its ability to adapt to the latest technological developments in the field of communication». *Cfr.* MOYLAN,

en que se ocupa de regular las telecomunicaciones a nivel internacional[139]. En definitiva, debemos señalar la importante actuación de dicho organismo, puesto que asume la tarea de coordinar las órbitas y frecuencias que utilizan los satélites con el objetivo, entre otros, de que los recursos mencionados sean utilizados de manera eficiente y segura. Además, desarrolla otras funciones esenciales como, por ejemplo, procurar la implementación de estándares técnicos que facilitan la cooperación internacional, así como la interoperabilidad de las tecnologías de la información y la comunicación. En este contexto, debemos tener presente que el fin prioritario radica en promover un entorno seguro y coordinado ante —fundamentalmente— las diversas funciones que llevan a cabo los satélites en la actualidad.

Podemos anticipar que este órgano especializado de la ONU desarrolla un papel esencial con respecto a los desafíos que acompañan a las mega-constelaciones, adoptando medidas para no sólo evitar interferencias, sino también para asegurar un uso

---

James, «The Role of The International Telecommunications Union for, the Promotion of Peace Through Communication Satellites», *Case W. Res. J. Int'l L*, núm. 4, 1971, p. 60-78.

139 En este orden de ideas, debemos indicar que las telecomunicaciones hacen referencia a la transmisión, emisión o recepción de señales, escritos, imágenes, sonidos o informaciones de cualquier naturaleza por hilo, radioelectricidad, medios ópticos u otros sistemas electromagnéticos. Así pues, los medios de transmisión pueden tener lugar mediante cables o sin ellos. En este último caso, nos referimos a una transmisión de carácter inalámbrica conforme a la cual el aire es el medio de propagación de la información. Sea como fuere, en ambos casos, debemos tener en cuenta la presencia de ondas electromagnéticas, las cuales se componen de un campo eléctrico y otro magnético. Ver imagen a continuación:

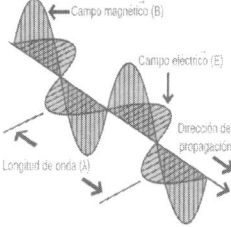

Las ondas radioeléctricas u ondas hertzianas son ondas electromagnéticas, cuya frecuencia se fija convencionalmente por debajo de 3000 GHz y se propagan por el espacio sin guía artificial. Asimismo, debemos aclarar que las radiocomunicaciones son aquellas telecomunicaciones realizadas por ondas radioeléctricas.

sostenible y equitativo del espacio exterior. La cuestión que debemos averiguar, a continuación, es si su actuación es suficiente para garantizar el orden y la seguridad en el espacio, teniendo en cuenta las valiosas y variadas funciones que los satélites llevan realizando desde hace unos años, así como los complejísimos retos que se deducen de su lanzamiento y despliegue. Evidentemente, en la última de las cuestiones mencionadas es donde reside el *quid* de la cuestión.

2.3.1. Explorando el procedimiento diseñado por la UIT con respecto al lanzamiento y despliegue de satélites

Antes de explicar el procedimiento que las entidades dedicadas al lanzamiento y despliegue de satélites deben seguir de acuerdo con las indicaciones de la UIT, debemos aclarar que éstos actúan como un canal de comunicación entre un dispositivo emisor y otro receptor, difundiendo información a través de ondas electromagnéticas. De hecho, un satélite de comunicaciones opera como un repetidor ubicado en el espacio. Su función principal es recibir las señales enviadas desde estaciones terrestres y luego retransmitirlas, ya sea a otro satélite en órbita o de regreso a receptores terrestres. Los dos satélites más comunes son los pasivos que se limitan a reflejar la señal recibida sin realizar ninguna otra tarea y los activos que son diseñados para amplificar las señales que reciben antes de retransmitirlas de regreso a la Tierra. Todos ellos, en cualquier caso, se colocan en órbita, utilizando cohetes espaciales que los posicionan alrededor de la Tierra a altitudes que los mantienen fuera de la atmósfera terrestre.

Tras estas previas explicaciones, debemos poner de relieve una vez más que la UIT no sólo asigna y coordina las órbitas, sino que gestiona el espectro de las frecuencias radioeléctricas (una gama de ondas de radio que transportan información) para que no se generen interferencias perjudiciales entre los satélites que prestan sus correspondientes servicios. A estos efectos, cobra interés el artículo 1 de su Constitución, el cual dispone lo siguiente:

«[la UIT] efectuará la atribución de las bandas de frecuencias del espectro radioeléctrico y la adjudicación de frecuencias radioeléctricas, y llevará el registro de las asignaciones de frecuencias y, para los servicios espaciales, de las posiciones orbitales asociadas en la órbita de los satélites geoestacionarios o las características asociadas de los satélites en otras órbitas, a fin de evitar toda interferencia perjudicial entre las estaciones de radiocomunicación de los distintos países».

Vemos, por tanto, con claridad que la UIT gestiona tanto el espectro de las frecuencias radioeléctricas como las posiciones orbitales de los satélites, constituyéndose ambos como recursos limitados que deben ser debidamente gestionados[140]. El artículo 11 del Convenio de la UIT también hace referencia a ello cuando señala que las Comisiones de Estudio de Radiocomunicaciones (establecidas por las Asambleas de Radiocomunicaciones) estudiarán la utilización del espectro de las frecuencias radioeléctricas en las radiocomunicaciones terrenales y espaciales, así como la utilización de la órbita de los satélites geoestacionarios y de otras órbitas.

Al hilo de todas estas consideraciones, debemos traer a colación el Reglamento de Radiocomunicaciones (RR) cuyo contenido es actualizado cada cierto tiempo por los Estados parte de la UIT con el objetivo de, *inter alia*, asegurar un uso eficiente de los comentados elementos[141]. En torno a esta herramienta, RUEDA CARAZO, expresa con rotundidad la siguiente idea: «the analysis of the regulation set by the ITU is from paramount importance when speaking of macro-constellations»[142]. Este instrumento es, pues, vital para el buen funcionamiento de los satélites, los cuales operan —como ya ha quedado dicho— desde una órbita conforme a la cual transmiten información por medio de la utilización de determinadas frecuencias[143].

---

140 *Vid.* LUQUE ORDÓÑEZ, Javier, «La Unión Internacional de Telecomunicaciones», *Revista Digital*, núm. 38, 2016, p. 12.

141 La última modificación tuvo lugar a finales del año 2023.

142 *Cfr.* RUEDA CARAZO, Alberto, «Mega-Constellations», en NAKARADA PECUJLIC, Anja y TUGNOLI, Matteo (eds.), *Promoting productive Cooperation between space lawyers and engineers*, IGI Global, Pennsylvania, 2019, p. 141-154.

143 Lo comentado en el cuerpo principal del texto da lugar al recurso órbita-espectro que es definido por la Organización de los Estados Americanos del siguiente modo: «el recurso natural constituido por la órbita de los satélites geoestacionarios u otras órbitas de satélites, y el espectro de frecuencias radioeléctricas atribuido o adjudicado a los servicios de radiocomunicaciones por satélite por la Unión Internacional de Telecomunicaciones». Así aparece dispuesto en el artículo 1 de la Decisión número 654 relativa al Marco Regulatorio para la Utilización Comercial del Recurso Órbita.

Debemos recalcar que una de las funciones principales del RR es que determina el modo en el que se atribuyen las bandas de frecuencias. Todo lo cual ha supuesto la división del mundo en tres regiones[144]. Con respecto a las órbitas, el citado instrumento articula «(...) el proceso de coordinación que se tiene que llevar a cabo para acceder a una determinada posición orbital»[145]. De acuerdo con los complejos y desafiantes efectos que se observan a raíz del lanzamiento de los referidos enjambres satelitales, tiene particular interés averiguar de qué modo se ubican los comentados artefactos en las distintas órbitas existentes. Así pues, debe subrayarse que, en un primer momento, la UIT propició la aplicación de la práctica que pivota sobre la siguiente regla: «primer llegado, primer servido (en inglés: *first come, first served*)». Ante el recelo generado por dicha praxis, se articuló otro mecanismo que pretendía una distribución equitativa de los espacios orbitales. Esta última fórmula conlleva necesariamente la intervención de los Estados, puesto que los individuos no tienen acceso directo a la UIT. Así pues, el departamento nacional correspondiente deberá enviar un informe a la Oficina *(Bureau)* de la UIT en virtud del cual reflejará información de diversa índole y relativa, como no puede ser de otro modo, a los satélites que pretenden lanzarse.

Más adelante, la Circular Internacional de Información sobre Frecuencias informará, entre otras cosas, del momento en el que estará operativo la red satelital, así como la órbita que será uti-

---

144 Así lo estipula el artículo 5 del RR del año 2020. Véase la imagen inferior:

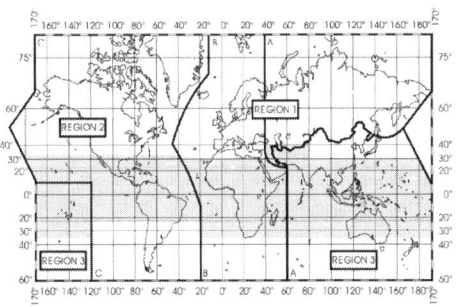

145 *Cfr.* PEÑA SAFFON, Sylvana, «Acceso a la órbita de los satélites geoestacionarios. Propuesta para un régimen jurídico especial», *Revista de Derecho, Comunicaciones y Nuevas Tecnologías*, núm. 11, 2012, p. 4-25.

lizada. Si el proceso sigue el cauce apropiado, la citada Oficina registrará la órbita asignada y el operador del satélite o grupos de satélites deberán, llegado el momento, utilizar la frecuencia adjudicada[146]. Con respecto a este procedimiento es preciso indicar que existe generalmente una tremenda burocracia tanto a nivel nacional como internacional que debe ser necesariamente cumplimentada; una cuestión que hace que el cauce aquí descrito se alargue en el tiempo. Además, hay un elevado número de solicitudes en este ámbito motivado en buena medida por la fuerte competitividad que existe en el sector espacial, a pesar de que muchas no desembocan en la utilización inmediata del espacio orbital demandado lo que da lugar a los llamados *paper satellites*[147]. Lo anterior afecta, sin duda, a la UIT que, como puede uno imaginar, suele estar colapsada ante la fuerte carga de trabajo a la que generalmente se ve expuesta[148].

En cualquier caso, como ya se ha dicho, el mencionado organismo trata de procurar un acceso equitativo en lo que se refiere a la utilización de las distintas franjas orbitales[149]. Sin duda, esta labor resulta de lo más oportuna cuando constatamos la intensa implicación del sector privado en el lanzamiento de satélites. No obstante, debe subrayarse que para la UIT el tradicional foco de preocupación ha recaído fundamentalmente en los satélites ubicados en GEO, lo cual responde a una lógica clara y es, básicamente, que dichos aparatos empezaron a operar en un primer momento en dicha franja[150]. De todos modos, es importante señalar que han sido muchas las dificultades con las que se ha topado la UIT a la hora de garantizar un acceso equitativo al citado espa-

---

146 *Vid.* Rueda Carazo, Alberto, *ob. cit*.

147 *Vid.* Verlini, Giovanni, «Paper satellites: a puzzle for the industry», *Via Satellite*, 2010. Documento disponible a continuación:
https://www.satellitetoday.com/telecom/2010/01/01/paper-satellites-a-puzzle-for-the-industry/

148 *Vid.* Rueda Carazo, Alberto, *op. cit.*, p 147.

149 Así lo indica el artículo 44 Constitución de la UIT.

150 *Vid*. Ospina, Sylvia, «El Derecho espacial, las telecomunicaciones internacionales por satélite y los recursos naturales», *XXVI Course on International Law*, 1999, p. 431-450. No obstante, en la actualidad, la inmensa mayoría de los satélites siguen órbitas más bajas. Fue a finales de la década de los ochenta cuando diversas empresas de prestación de servicios de comunicaciones personales de móviles trasladaron su foco de atención a la OTB.

cio orbital, puesto que, aunque los Estados tienen idénticos derechos, hay tan sólo unos pocos con capacidad económica y tecnológica para implicarse verdaderamente en la actividad espacial[151].

Dicho lo anterior, cabe preguntarse si hay medidas adoptadas por la UIT que se encuentren directamente vinculadas a la OTB. A estos efectos, hay que destacar que, en 1992, la Conferencia Administrativa Mundial de Radiocomunicaciones sobre satélites móviles (CAMR-MOV) asignó un número reducido de frecuencias en la citada franja orbital[152]. Además, debe señalarse que éstas son utilizadas por los Estados para la prestación de otro tipo de servicios, lo que conlleva el riesgo de generar un mayor número de interferencias. Ante estas medidas poco contundentes, debemos recordar que los satélites lanzados en la OTB van, generalmente, en grupo conformando las ya conocidas mega-constelaciones, lo cual se traduce en —fundamentalmente— un potencial aumento de la basura espacial, así como en la utilización de un espacio considerable (al margen de que sean pequeños los artefactos que las integran[153]) que, como ya anticipamos, empieza a estar tremendamente disputado. A todo ello hay que sumar el riesgo de colisión que existe entre los artefactos que están orbitando la Tierra. Así pues, pese a los enormes retos que se han detectado desde hace unos años en este ámbito, observamos que apenas se han adoptado medidas de peso que tengan por objeto mitigar alguno de los contratiempos señalados.

---

151 *Vid.* SALAZAR FURIATI, María Eugenia, «Los satélites. Su importancia en las telecomunicaciones», *Comunicación: estudios venezolanos de comunicación*, núm. 146, 2009, p. 52-65. A raíz de lo comentado, se han planteado «(...) planes de frecuencias/posiciones orbitales, en los que una cierta cantidad del espectro de frecuencias se reserva para su utilización futura por todos los países, especialmente los que, hoy en día, no se encuentran en posición de utilizar esos recursos». *Ibidem.*

152 *Vid.* OSPINA, Sylvia, *ob. cit.*

153 En este sentido, Crepaldi argumenta lo siguiente: «in the early endeavours, satellites were generally – measured in meters while nowadays, the majority of future satellites (e.g. CubeSats and pico-satellite) are measured in centimetres». *Cfr.* CREPALDI, Marco, «Ethical concerns of mega-constellations for broadband communication», en ARIAS-OLIVA, Mario, PELEGRÍN-BORNDO, Jorge, MURATA, Kiyoshi y LARA PALMA, Ana María (eds.), *Social Challenges in the Smart Society*, Universidad de la Rioja, Logroño, 2020, p. 487-495.

Por si lo anterior no fuera poco, debe advertirse que la caótica situación que impera en la referida franja orbital se intensifica tras cotejar que la regla «primer venido, primer servido»[154] sigue rigiendo hoy. Así puede verse cuando se constata —no sin estupefacción— que la utilización de la OTB depende en buena medida de la celebración de acuerdos entre Estados y empresas privadas que se dedican a la fabricación y lanzamientos de las comentadas mega-constelaciones[155]. El régimen un tanto «anárquico» que aquí se describe genera —además— una fuerte desigualdad, puesto que tan sólo un reducido número de compañías y países tienen capacidad para implicarse en la explotación y utilización del espacio.

Consecuentemente, para revertir la peligrosa situación actual es preciso adoptar las estrategias legislativas sólidas[156]. En este orden de ideas, parece evidente que el nuevo marco regulatorio debe esforzarse por procurar un acceso igualitario a la OTB[157], lo que debe materializarse en una revisión en profundidad de las medidas adoptadas por la UIT[158]. Otros sostienen que es necesario adoptar acciones más ambiciosas como serían, por ejemplo, acuerdos jurídicos vinculantes que hagan referencia a la realidad y, por tanto, a los desafíos aquí descritos[159].

En resumen, podemos decir que la UIT desempeña un papel importante en la coordinación de los mencionados recursos naturales, garantizando un uso ordenado y eficiente de los mismos.

---

154 *Vid*. Ospina, Sylvia, *ob. cit*. Asimismo: *Vid*. Crepaldi, Marco, *ob. cit*.

155 *Vid*. Ospina, Sylvia, *ob. cit*. Estos contratos toman en consideración ideas y conceptos esbozados por la UIT en el foro celebrado en Ginebra en el año 1996 en torno a las políticas de las telecomunicaciones, lo cual cristalizó en un Memorándum de Entendimiento sobre los sistemas globales móviles de comunicaciones personales por satélite.

156 A estos efectos, debe mencionarse la reciente modificación legislativa del RR. *Vid. Infra*. Nota 162.

157 Además, de incidir en otra clase de problemas como, *inter alia*, el relativo a la acumulación alarmante de desechos espaciales, así como la creciente militarización a la que parece ir abocado el entorno espacial.

158 En opinión de Rueda Carazo esta medida es particularmente idónea debido a la flexibilidad de dichos instrumentos. *Vid*. Rueda Carazo, Alberto, *ob. cit*.

159 Esta última opción tiene todo el sentido cuando se comprueba que este nuevo siglo ha traído consigo una actividad espacial sin precedentes que justificaría, a nuestro modo de ver, la adopción de un nuevo acuerdo sólido en la materia.

Observamos, de hecho, que el citado órgano asume la compleja tarea de administrar y organizar la puesta en marcha de una tecnología espacial que ha avanzado de manera exponencial en los últimos años. No debemos olvidar que, en la actualidad, hay más de miles de satélites en funcionamiento que están impactando en sectores de diversa índole (navegación, banca, radiodifusión, lanzamiento de misiles, predicciones meteorológicas, etc.[160]). Ello muestra, sin duda, la crucial labor que la UIT lleva a cabo en este ámbito.

Sin embargo, ante la creciente tendencia de enviar satélites en grupo, se está poniendo en tela de juicio la eficacia de las estrategias de la UIT, las cuales empiezan a estar un tanto desfasadas. Así las cosas, se está reclamando la adopción de estrategias específicas por parte del referido organismo en la OTB en materias concretas que incidan en, por ejemplo, la basura espacial[161], así como en la implementación real y efectiva del principio de acceso equitativo a las franjas orbitales existentes[162]. Consecuentemente, la UIT debe emplearse a fondo y escudriñar los retos que en este ámbito se están detectando para confrontarlos lo antes posible de manera enérgica.

Finalmente, debemos señalar que la reciente modificación del RR ha supuesto la identificación de nuevos recursos relativos al espectro que servirán —en teoría— para favorecer una mayor innovación tecnológica y conectividad global[163]. Así se puso de relieve en la Conferencia Mundial de Radiocomunicaciones celebrada a finales del año 2023 (CMR-2023) que ha motivado el comentado cambio legislativo ha sido secundado por unos ciento cincuenta Estados aproximadamente; además, debe indicarse

---

160 *Vid.* JHA, Devanshu, *et al.*, «Safeguarding the final frontier: Analyzing the legal and technical challenges to mega-constellations», *Journal of Space Safety Engineering*, núm. 9, 2022, p. 636-643.

161 *Vid.* CLAUDIU MIHAI, Tāiatu, «The Future Impact of the ITU Regulatory Framework on Large Constellations of Satellites», en TORTORA, Jean-Jacques *et. al* (ed), *Legal Aspects around Satellite Constellations*, Springer, p. 55-78.

162 *Vid.* GROTCH, Steve, «Mega-Constellations: Disrupting the Space Legal Order», *Emory International Law Review*, Vol. 37, 2022, p. 101-133.

163 Este nuevo espectro incluye las bandas de frecuencias 3 300-3 400 megahercios (MHz); 3 600-3 800 MHz; 4 800-4 990 MHz y 6 425-7 125 MHz en varios países y regiones.

que ésta ha tenido una meta principal: garantizar un acceso equitativo y transparente a las órbitas y a las radiofrecuencias. Las decisiones tomadas en este ámbito son, en todo caso, provisionales. A lo largo del año 2024 aparecerá publicado el contenido final del nuevo RR, el cual parece hacer referencia principalmente a la identificación de bandas. Así las cosas, habrá que esperar un tiempo hasta que podamos arrojar conclusiones definitivas en este ámbito.

2.4. Evaluando el impacto —pasado y futuro— de los Acuerdos de Artemisa

En este apartado centraremos nuestro análisis en los Principios para la cooperación en la exploración civil y el uso de la Luna, Marte, cometas y asteroides con fines pacíficos, adoptados el 13 de octubre de 2020. Éstos, conocidos como los Acuerdos de Artemisa, se han erigido como un inexorable punto de inflexión en el ámbito de la exploración espacial, puesto que —*prima facie*— constituyen o dan lugar a una especie de instrumento internacional que promueve la cooperación. No obstante, en opinión de algunos autores, aquéllos no se limitan a cubrir cuestiones relativas a la investigación científica del espacio, sino que apuntan hacia su controvertida comercialización[164]. Para llegar a una conclusión clara con respecto a la veracidad o no de esta última aseveración, es preciso ir poco a poco y desgranar el contenido de dichos Acuerdos.

Consecuentemente, resulta interesante señalar que los referidos Acuerdos surgen con motivo del Congreso Astronáutico Internacional celebrado en la fecha indicada en el párrafo anterior. De manera más concreta, debemos hacer hincapié en que éstos son

---

164 En este sentido, resultan muy interesantes las afirmaciones de Brooks: «The Accords recognize the reality of space's growing commercial influence. Morgan Stanley predicts the size of the space market to nearly triple by 2040, rising from a current $350 billion valuation to over $1 trillion, even before breakthroughs in fields such as asteroid mining (which is predicted to be a multi-trillion dollar industry and to create the world's first trillionaire). Beyond economics, asteroid mining would also carry environmental benefits and the capacity for humanity to produce fuel in space, more than compensating for the cost of launching asteroid missions from earth». *Cfr.* BROOKS, Andrew, «The Artemis Accords: The Necessary Incentive of Space Extraction Rights», *Colombia Journal of Transnational Law*, 2020.

fruto de la propuesta realizada en un primer momento por Estados Unidos conforme a la cual puso de manifiesto su intención de promover una exploración espacial de carácter, fundamentalmente, sostenible y transparente[165]. Al margen de cuál fuera el propósito inicial de esta iniciativa, es preciso aclarar que contó con el apoyo y la implicación primigenia de ciertos países[166] y, evidentemente, de sus respectivas agencias espaciales. Por supuesto, estos Acuerdos cuentan en la actualidad con la colaboración y el apoyo de empresas privadas. A modo de ejemplo cabe indicar que *Space X* tiene previsto proporcionar un sistema de aterrizaje con la idea de transportar a los astronautas de la misión *Artemis III* a la superficie lunar[167]. Por lo tanto, los referidos acuerdos se enmarcan en un programa espacial internacional —encabezado por la NASA— que

---

165   De acuerdo con lo expuesto en el cuerpo principal del texto, cabe señalar que las pasadas administraciones norteamericanas aprobaron en su momento normas muy concretas que ponían de relieve su interés por el aprovechamiento de los recursos espaciales. Así, por ejemplo, en el año 2015, el presidente Barack Obama aprobó la *Commercial Space Launch Competitiveness Act* en virtud de la cual se indicaba lo siguiente: «engage in the commercial exploration and exploitation of space resources including water and minerals. The right does not extend to extra-terrestrial life, so anything that is alive may not be exploited commercial». Más adelante, en el año 2020, la Administración de Donald J. Trump adoptó la orden ejecutiva titulada de la siguiente manera: *Encouraging International Support for the Recovery and Use of Space*; en ella se ponía de manifiesto el apoyo del gobierno en la utilización de los recursos espaciales.

166   Al hilo de lo comentado, debemos hacer referencia al conjunto de países que mostraron, desde el principio, su conformidad con respecto a los citados Acuerdos: Australia, Canadá, Luxemburgo, Emiratos Árabes Unidos, Reino Unido, Japón e Italia. Así las cosas, cabe subrayar que España se convirtió en el firmante vigésimo quinto. Dicho lo cual, hay otros países que no se han mostrado conformes con su contenido. Ese es el caso de Rusia y China. Ambos Estados argumentan que Estados Unidos pretende hacer valer sus intereses por encima de cualquier otra consideración.

167   La misión citada en el cuerpo principal del trabajo estaba prevista, en un primer momento, para que tuviera lugar a lo largo del año 2025. No obstante, se ha sabido recientemente que se fijará una nueva fecha. La razón principal de este retraso es consecuencia del accidente ocurrido en el año 2023. Fue en noviembre de dicho año cuando *Space X* lanzó el cohete *Starship* (que se ocupará, en teoría, de llevar a seres humanos a la Luna) que explotó al poco tiempo de iniciar su vuelo. Antes de dicho incidente, se anunció que sería en el año 2024 cuando se realizaría un vuelo tripulado hasta el referido astro; una misión, por cierto, que no tenía como objetivo alcanzar la superficie lunar. Ahora todos los planes han quedado pospuestos. Habrá que ver de qué manera se reajusta la agenda. Todo parece indicar que los astronautas seleccionados no aterrizarán en el polo sur de la Luna hasta, por lo menos, el año 2026.

pretende, entre otras cosas, llevar individuos a la Luna cincuenta años después del éxito cosechado por la misión *Apolo.* Es más, uno de los objetivos principales de este proyecto radica en enviar a la primera mujer y a otras personas de origen diverso al referido astro.

Ahondando en el contenido de estos Acuerdos, debemos tener presente que «(…) toman como punto de partida los principios generales establecidos en el Tratado General del Espacio, sin embargo, a diferencia de las normas de derecho espacial de primera generación, los Acuerdos están dirigidos a la empresa privada y a la actividad civil de las agencias espaciales estatales»[168]. Teniendo en cuenta el matiz anterior, debemos señalar que éstos arrancan con un preámbulo y trece secciones conforme a las cuales se recogen una serie de principios que deben regir en el entorno espacial. Así las cosas, uno de los objetivos principales es garantizar su sostenibilidad[169], incrementar la seguridad de las actividades espaciales y favorecer la posibilidad de que el conjunto de la humanidad saque provecho de las actuaciones realizadas en el espacio. Ello queda estipulado en la sección primera.

Junto a lo anterior, la sección tercera indica que toda actividad espacial realizada en un marco de la cooperación debe concebirse y articularse en términos pacíficos y de acuerdo con la legalidad internacional. En la misma línea, la sección cuarta estipula que los países signatarios asumen el compromiso de actuar con transparencia. Ello implica que deberán compartir información científica sobre la base de la buena fe y de acuerdo con el artículo XI del Tratado de 1967.

---

168 *Cfr.* IANOTTI FIILICE, Andrea Valeria, *Los Acuerdos de Artemisa y la Evolución del Derecho Espacial Respuestas de los países en vías de desarrollo frente a la privatización del espacio ultraterrestre* (Maestría en Derecho. Mención en Derecho Internacional Económico), Universidad Andina Simón Bolívar (Ecuador) 2022, p. 1-85.

169 En el año 2021, el vínculo entre el espacio y la sostenibilidad se hizo evidente tras la aprobación de la resolución 76/3, la cual fue aprobada por parte de la Asamblea General de la ONU: «(…) los instrumentos espaciales son muy pertinentes para el cumplimiento de las agendas mundiales de desarrollo, en particular la Agenda 2030 para el Desarrollo Sostenible y sus objetivos y metas, ya sea directamente, como facilitadores e impulsores del desarrollo sostenible, o indirectamente, proporcionando datos esenciales para los indicadores empleados en el seguimiento de los progresos realizados en la aplicación de la Agenda 2030». Ello trajo consigo la adopción de la Agenda «Espacio2030».

Asimismo, en la sección quinta se hace referencia a que los Estados deben favorecer la interoperabilidad, así como la utilización de infraestructuras y estándares comunes. Producto de lo anterior, los Acuerdos mencionan la siguiente cuestión: «the Signatories commit to use reasonable efforts to utilize current interoperability standards for space-based infrastructure, to establish such standards when current standards do not exist or are inadequate, and to follow such standards». A continuación, en la sección sexta, se indica que los Estados deberán procurar la asistencia necesaria cuando las circunstancias así lo exijan. Y, a estos efectos, se apoya —como es lógico— en el contenido del Acuerdo sobre el salvamento y la devolución de astronautas y la restitución de objetos lanzados al espacio ultraterrestre.

Teniendo en cuenta el tema que aquí nos ocupa, la sección séptima presenta un gran interés en la medida en que se refiere al lanzamiento de objetos al espacio; a continuación, reproducimos su contenido:

«For cooperative activities under these Accords, the Signatories commit to determine which of them should register any relevant space object in accordance with the Registration Convention. For activities involving a non-Party to the Registration Convention, the Signatories intend to cooperate to consult with that non-Party to determine the appropriate means of registration».

Los Estados asumen el compromiso de determinar quién debe registrar el objeto de turno de acuerdo con la regulación internacional. Concretamente, se incide en el Convenio sobre el registro de objeto lanzados al espacio ultraterrestre. Además, se contempla el despliegue conjunto de artefactos. Debemos indicar que los Acuerdos de Artemisa son útiles en este ámbito en la medida en que pretenden ofrecer soluciones, refiriéndose incluso a la posibilidad de que una determinada situación entrañe o afecte a Estados que no han suscrito el viejo acuerdo.

En línea con todas estas ideas, resulta interesante señalar la relevancia de la sección onceava en la medida en que pretende reducir situaciones de conflicto en el espacio. Para ello, se remite a la regulación internacional espacial en vigor, así como a las directrices adoptadas en el año 2019. Además, señala de que los Estados firmantes deben evitar interferencias dañinas, así como procurar información relativa a la ubicación y naturaleza del instrumental lanzado en el caso de que pueda perjudicar a otros. Asimismo, deberán notificar sus actividades y coordinarse con otros actores para evitar interferencias perjudiciales.

Junto a lo anterior, debemos mencionar que los comentados y recientes Acuerdos traen consigo la creación de «zonas de seguridad» *(safety zones)* conforme a las cuales los Estados parece que no podrán intervenir en aquellos espacios creadas por otros[170]. Esta cuestión está generando la consiguiente polémica, ya que dichas zonas podrían implicar la aparición de áreas de no acceso que supongan una vulneración del principio de no apropiación contemplado en el artículo II del Tratado de 1967; es más, puede que ello dé continuidad al principio de territorialidad de ciertos países[171]. Sin duda, esta cuestión será, antes o después, objeto de fuertes polémicas. Es más, los conflictos que puedan darse se verán agravados —a nuestro juicio— por el hecho de que no sólo no se ha articulado un procedimiento claro relativo a la creación de estos controvertidos espacios[172], sino que tampoco se han introducido los criterios jurídicos correspondientes que incidan en, por ejemplo, la premisa relativa a la igualdad. Si se hubiera optado por incorporar éste y otros principios similares, se podía haber contenido, quizá, el debate que a buen seguro acabará emergiendo. Al hilo de todo ello llegamos a la conclusión de que muy posiblemente los Estados actuarán de manera unilateral en las comentadas zonas, realizando las actuaciones que consideren necesarias en beneficio de sus propios intereses. Todo lo cual supondrá una clara vulneración del artículo II del Tratado de 1967[173].

---

170 A este respecto, los Acuerdos de Artemisa indican literalmente siguiente: «the Signatories intend to provide notification of their activities and commit to coordinating with any relevant actor to avoid harmful interference. The area wherein this notification and coordination will be implemented to avoid harmful interference is referred to as a "safety zone". A safety zone should be the area in which nominal operations of a relevant activity or an anomalous event could reasonably cause harmful interference».

171 *Vid.* MOVILLA PATEIRO, Laura, *ob. cit.*

172 *Vid.* GROSS, Matthew, «The Artemis Accords: International Cooperation in the Era of Space Exploration», *Harvard International Review*, 2023.

173 Esta idea ya se puso de relieve cuando se conoció el borrador que daría lugar a los Acuerdos de Artemisa. Así pues, la polémica estaba ya servida antes de que éstos

Revisando otras cuestiones que también suscitan un profundo interés, los Acuerdos de Artemisa se refieren, como no podía ser de otro modo, a la basura espacial. Es en la sección doceava donde se menciona que los Estados firmantes deben articular un plan para la reducción de los desechos espaciales; además, se especifica que, en las misiones conjuntas, dicho documento deberá incluir explícitamente qué actor tiene la responsabilidad principal en la planificación e implementación del final de la misión. No obstante, todavía siguen sin concretarse ciertas cuestiones como, por ejemplo, qué debe entenderse por desecho espacial. Asimismo, observamos que tampoco se han adoptado normas técnicas imperativas[174]. Así pues, parece que las estrategias existentes en los comentados Acuerdos a este respecto se encuentran, por decirlo de algún modo, a medio gas.

Como colofón a lo anteriormente dispuesto, advertimos —sin sorprendernos— que el Acuerdo de 1979 no es mencionado. Éste, como ya vimos, no fue respaldado por un elevado número de Estados a diferencia de los adoptados en el año 2020 que sí han sido fuertemente secundados[175]. ¿Y qué ha llevado a los países a posicionarse a favor de los Acuerdos de Artemisa? Para responder a esta cuestión deberíamos focalizar nuestra atención en el artículo 11 del viejo Acuerdo, el cual indica lo siguiente:

> «La Luna y sus recursos naturales son patrimonio común de la humanidad (…) Ni la superficie ni la subsuperficie de la Luna, ni ninguna de sus partes o recursos naturales, podrán ser propiedad de ningún Estado, organización internacional intergubernamental o no gubernamental, organización nacional o entidad no gubernamental ni de ninguna persona física».

Frente a dicho precepto legal, la sección décima de los Acuerdos de Artemisa proclama una cuestión completamente diferente:

> «The Signatories emphasize that the extraction and utilization of space resources, including any recovery from the surface or subsurface of the Moon, Mars, comets, or asteroids, should be executed in a manner that complies with

---

fueran adoptados. *Vid.* Schingler, J. Kate, «Imagining safety zones: implications and open questions», *The Space Review*, 2020.

174 *Ibidem.*

175 En diciembre del año 2023 eran ya más de treinta Estados los que habían ratificado los Acuerdos mencionados en este apartado.

the Outer Space Treaty and in support of safe and sustainable space activities. The Signatories affirm that the extraction of space resources does not inherently constitute national appropriation under Article II of the Outer Space Treaty, and that contracts and other legal instruments relating to space resources should be consistent with that Treaty».

Comprobamos, pues, que el enfoque de ambos documentos no es ni mucho menos similar. En el primero, existe una prohibición clara relativa a la apropiación de ciertos recursos espaciales, frente al adoptado con carácter reciente que proclama que la extracción y la utilización de éstos es factible siempre que se cumpla con lo previsto en el Tratado de 1967.

Otra omisión espinosa es la falta de referencia a la responsabilidad de las empresas. No hay duda de que las agencias espaciales están colaborando con importantes compañías pertenecientes al sector espacial en las nuevas misiones que desde hace unos años se llevan proyectando. Sin embargo, nada se dice sobre su potencial responsabilidad. A raíz de esta cuestión, GROSS menciona lo siguiente: «the Artemis Accords shed private corporations of responsibility and create a scenario in which rogue private entities could violate the terms of the agreement without facing severe consequences»[176]. Es evidente que no hay interés por introducir esta cuestión. No obstante, la actividad espacial se intensificará en los próximos años, generándose con ello situaciones controvertidas en las que las empresas se verán involucradas. Así pues, es posible que ello sirva de detonante final para realizar los cambios legislativos pertinentes que permitan exigir de una vez por todas la responsabilidad a los actores que llevan a cabo actuaciones en el espacio exterior. En definitiva, la participación de las personas jurídicas es ya una realidad que los Acuerdos de Artemisa no niegan, si bien es cierto que éstos «han dejado pasar» la oportunidad de referirse a su responsabilidad; no obstante, esperemos que su participación en toda clase de proyectos espaciales dé pie a una revolución normativa que termine por incluir las obligaciones de las empresas en este marco. Sólo así será plenamente efectivo el sistema normativo espacial[177].

---

176 *Cfr.* GROSS, Matthew, *ob. cit.*

177 Las circunstancias actuales revelan que la presencia y participación del sector privado en el ámbito espacial es una cuestión incontestable que, antes o después, deberá conllevar la implementación de cambios legislativos radicales.

Junto a lo anteriormente comentado, debemos aclarar que los Acuerdos del año 2020 no vienen avalados por la COPUOS, por lo que no se han materializados dentro de los cauces tradicionales del derecho internacional espacial. Éstos constituyen un acuerdo impulsado, como ya anticipamos, por Estados Unidos. Todo lo cual ha llevado a algunos autores a afirmar el cambio de rumbo y, tal vez, de tendencia que estos principios puedan conllevar[178].

A raíz de todo lo expuesto, advertimos una fuerte incertidumbre en torno al verdadero impacto que tendrán estos Acuerdos, a pesar de que no son de obligado cumplimiento. Así lo recalca la sección primera: «the Accords represent a political commitment to the principles described herein». Son, por lo tanto, una especie de compromiso político que asumen ciertos Estados. Y este es, sin duda, un dato que no puede desmerecerse. De hecho, algunos autores afirman que lo anterior nos impide subsumirlos bajo el ámbito de aplicación del artículo 38 del Estatuto de la Corte Internacional de Justicia, el cual se refiere a las fuentes jurídicas internacionales[179]. En todo caso, esta cuestión no niega el valor normativo de aquéllos. A estos efectos, cobra importancia el artículo 31 de la Convención de Viena sobre el Derecho de los Tratados, el cual dispone lo siguiente: «habrá de tenerse en cuenta (…) toda práctica ulteriormente seguida en la aplicación del tratado por la cual conste el acuerdo de las partes acerca de la interpretación del tratado». Por lo tanto, a la luz de la normativa supranacional, la actuación de los Estados puede servir de guía para interpretar los acuerdos ya adoptados. En otras palabras, las prácticas contenidas en estos Acuerdos pueden servir, consecuentemente, de apoyo a la hora de interpretar los convenios existentes[180].

Teniendo en cuenta lo afirmado en estos últimos párrafos, se nos plantea un inquietante interrogante: ¿cómo se van a conju-

---

178 *Vid*. Pienizzio, Andrés, «Los Acuerdos Artemisa y el futuro de la exploración espacial: un análisis a la luz de los postulados del Derecho del Espacio», *Instituto de Relaciones Internacionales*, núm. 12, 2021, p. 43-47.

179 *Vid*. Lopez Marcos, Alberto, «La naturaleza jurídica de los acuerdos Artemis: una visión jurídica de la comercialización del espacio», *Noticias de Espacio*, 2023.

180 *Vid*. Deplano, Rossana, «The Artemis Accords: evolution or revolution in the international Space Law?», *The International and Comparative Law Quarterly*; núm. 3, 2021, p. 799-819.

gar los Acuerdos de Artemisa y la prohibición contenida en el artículo II del Tratado de 1967? Movilla Pateiro afirma que es posible que el documento adoptado en el año 2020 servirá para «(…) consolidar una interpretación del principio de apropiación del art. II del Tratado del Espacio en el sentido de que resulte solo de aplicación a los cuerpos celestes en su conjunto, y no a sus recursos naturales en concreto»[181]. Sin duda, la inquietud —en este ámbito— es total.

El impacto de los Acuerdos de Artemisa no termina aquí. Es posible que el contenido de éstos afecte a cuestiones no cubiertas por la normativa en vigor[182]. Si ello fuera cierto, el silencio que muestra la regulación actual en torno al aprovechamiento de los recursos espaciales podría «subsanarse» con lo estipulado en los citados Acuerdos, a pesar de que —como ya se ha dicho— no son obligatorios. Así podría suceder si el respaldo procedente de los Estados para con aquéllos continúa creciendo[183]. Todo lo cual nos conduce a pensar que los Acuerdos del año 2020 promueven de manera irrefutable la comercialización del entorno espacial. En esta misma línea debemos indicar que un amplio sector doctrinal considera que éstos pretenden fundamentalmente extraer y utilizar los recursos existentes, entre otros, en la Luna; es más, ello —a su juicio— ya se puso de relieve en las medidas que fueron adoptadas por el gobierno norteamericano en el pasado[184]. De esta manera, es más que probable que, en el futuro, actuaciones enmarcadas dentro de la minería espacial tendrán cada vez mayor cabida. Lo anterior, por tanto, confirma la idea reflejada al comienzo del presente apartado conforme a la cual se está tendiendo a una indudable comercialización del entorno espacial.

En resumen, los Acuerdos de Artemisa se erigirán probablemente a modo de guía para interpretar las normas ya existentes y, además, es posible que se erijan como un anticipo del futuro

---

181 *Cfr.* Movilla Pateiro, Laura, *ob. cit.*

182 *Vid.* Sundahk, Mark *et al.*, «How Private Companies and NASA's Artemis Accords Will Shape the Future of Space Law», *Australian Institute of International Affairs*, 2023.

183 *Vid.* Lopez Marcos, Alberto, *ob. cit*.

184 *Vid.* Tronchetti, Fabio y Hao, Liu, «The White House Executive Order on the Recovery and Use of Space Resources: Pushing the Boundaries of International Space Law?», *Space Policy*, núm. 57, 2021, p. 1-8. *Vid. Supra*. Nota 165.

marco normativo que acabará existiendo en este ámbito[185]. Habrá que estar, pues, muy pendiente del modo en el que éstos impactarán. Ello, sin duda, se trata una cuestión a la que hay prestar especial atención, teniendo en cuenta el momento especialmente convulso en el que nos encontramos.

---

185 *Vid.* DEPLANO, Rossana, *ob. cit.* La autora en cuestión añade además la siguiente idea: «it should be noted that the Artemis Accords provide a starting point for further discussion of the international framework for space activities, as they encourage and facilitate the fulfillment of space commitments». *Cfr.* KOSTENKO, Inesa, «Artemis Accords and the Future of Space Governance: Intentions and Reality», *Advances Space Law,* Vol. 8, 2021, p. 40-50.

CAPÍTULO 3

LA PRINCIPAL ENCRUJICADA ESPACIAL: LOS RETOS Y DESAFÍOS PROVOCADOS POR LAS MEGA-CONSTELACIONES

3.1. Un análisis de los principales retos existentes en el espacio ante el incesante lanzamiento y despliegue de mega-constelaciones

De acuerdo con lo expuesto en capítulos anteriores, parece evidente que son muchos los beneficios que se obtienen con el lanzamiento de las citadas mega-constelaciones en la medida en que proporcionan servicios de conectividad global, lo que facilita —*inter alia*— el acceso a la información y servicios esenciales. Con respecto al ámbito de las comunicaciones, esta agrupación de satélites ofrece —como ya ha sido señalado— velocidades rápidas de conexión, así como un aumento de la resiliencia de la red. Ello se da en un contexto muy concreto en el que se advierte la presencia cada vez más significativa de empresas privadas. En definitiva, en el ámbito de la industria espacial se aprecia en términos generales una fuerte competencia que no sólo deriva del creciente interés que un número considerable de Estados está mostrando para con el entorno espacial, sino también con motivo de la acusada inclinación que reflejan importantes compañías a la hora de involucrarse en su exploración y utilización.

De manera más concreta debemos recalcar que la competencia suscitada entre —fundamentalmente— empresas dedicadas a la creación y lanzamiento de mega-constelaciones fomenta la innovación en el sector de las tecnologías espaciales, generando beneficios a largo plazo para la industria y la sociedad en general. Desde luego, lo anterior redunda —entre otras cosas— en una mejora de la calidad de los servicios prestados por los mencionados aparatos. Sin embargo, como ya hemos anticipado en más de una ocasión, se advierte una seria problemática en torno a la utilización de los referidos enjambres satelitales. Así lo está poniendo de relieve la comunidad científica desde hace unos años.

Grosso modo, los expertos alertan —principalmente— de los siguientes riesgos: la creciente militarización del espacio, la intensificación del tráfico orbital, mayores probabilidades de que se produzcan colisiones o accidentes en el referido entorno, la proliferación exagerada de desechos espaciales, así como la fuerte contaminación lumínica que está impactando, en buena medida, en la observación astronómica actual. Junto a ello, debemos tener presente el impacto medioambiental que en este marco se advierte. En vista de lo expuesto, analizaremos en los siguientes apartados los efectos de los comentados desafíos y, al hilo de dicho examen, subrayaremos las carencias legislativas existentes. Todo lo cual nos llevará a determinar —en el capítulo cuarto— las estrategias concretas que la comunidad internacional debe propiciar a la hora de limitar y/o enfrentar los retos que en este ámbito existen.

3.1.1. La creciente militarización del espacio

La militarización del entorno espacial no es una cuestión nueva ni exclusiva del siglo XXI. De hecho, como ya fue comentado en el capítulo primero, la Guerra Fría desató una intensa carrera espacial que motivó no sólo importantes avances tecnológicos, sino que también contribuyó a acrecentar la relación de crispación y hostilidad que existía entre la potencia que lideraba el bloque occidental (Estados Unidos) y la que ejercía el mismo papel en relación con el bloque oriental (la Unión Soviética). Actualmente, observamos una especie de renacida rivalidad en este ámbito conforme a la cual el número de países implicados en la industria espacial se ha multiplicado. Advertimos, por tanto, el interés que hoy tienen un grupo considerable de naciones de desarrollar y potenciar la referida industria[186]. Esta situación debe conjugarse junto a otro hecho importante: la presencia de importantes empresas que también están jugando un papel clave en este ámbito.

Consecuentemente, debido a la proliferación de países y compañías que pretenden hacerse un hueco en este competitivo sector, se están alcanzando por un lado grandes logros. Además, producto de lo anterior comprobamos que existe en la sociedad actual una innegable dependencia hacia la tecnología espacial, la cual —según hemos podido ver en capítulos previos— ha sido ampliamente desarrollada en estas últimas décadas. Pero, por otro lado, apreciamos el alto valor e interés estratégico que tiene hoy el disputado entorno espacial[187]. Es más, los expertos consideran que el espacio se está militarizando debido a que ha aumentado la importancia estratégica de las capacidades espaciales aplicables en operaciones militares y de seguridad nacional. Este escenario plantea, como es lógico, hondas preocupaciones en torno a la proliferación de armas espaciales, así como una posible escalada de los conflictos[188].

Ante este complejo panorama, debemos traer a colación una vez más el Tratado del año 1967 conforme al cual se estipula —como ya dijimos— que la exploración y utilización del espacio

---

186 Al hilo de las consideraciones vertidas en el cuerpo principal del texto, deben traerse a colación las aseveraciones plasmadas, en el año 2019, por la Asociación Española de Empresas Tecnológicas de Defensa, Seguridad, Aeronáutica y Espacio: «El sector espacial supone una fuente de competitividad e innovación con gran capacidad de catalizar talento, desarrollo tecnológico y un enorme poder de transformación y generación de nuevas aplicaciones y servicios para el bienestar y progreso de nuestra sociedad. Es por ello que ocupa un lugar preferente dentro de la agenda política y económica de los países más evolucionados, siendo su liderazgo un claro objetivo de las principales potencias mundiales». Información disponible a continuación:
https://industria.gob.es/es-es/Servicios/AgendasSectoriales/Agenda%20sectorial%20de%20la%20industria%20espacial/agenda-sectorial-industria-espacial-versi%C3%B3n-final.PDF

187 La conclusión vertida en el cuerpo principal queda corroborada cuando constatamos que los gobiernos han ido aumentando, en los últimos años, sus partidas presupuestarias destinadas al espacio. Así queda demostrado en el enlace que figura a continuación:
https://www.euroconsult-ec.com/press-release/government-space-budgets-driven-by-space-exploration-and-militarization-hit-record-92-billion-investment-in-2021-despite-covid-with-1-trillion-forecast-over-the-decade/

188 Vid. WEHTJE, Betty, ob. cit.

debe realizarse con fines pacíficos. Así lo corrobora el ya analizado artículo IV de la referida herramienta cuando prohíbe «establecer en los cuerpos celestes bases, instalaciones y fortificaciones militares, efectuar ensayos con cualquier tipo de armas y realizar maniobras militares». *Prima facie*, el citado precepto podría resultar oportuno; sin embargo, cuando se lee con detenimiento la norma en cuestión, así como el resto del comentado tratado observamos que se hace una distinción entre cuerpos celestes y el entorno espacial de acuerdo con la cual únicamente se confiere protección al primero de los elementos mencionados[189]. Además, el citado acuerdo no define qué debe entenderse por «fines pacíficos»[190]. De hecho, ante este controvertido silencio, se ha establecido un vínculo o, más bien, una asimilación —a nuestro juicio equivocada— con respecto a actos de «no agresión»[191]. Todo lo cual nos lleva a pensar que los preceptos legales contenidos en el comentado instrumento no son particularmente contundentes a la hora de evitar hostilidades en este campo[192].

De hecho, dada la falta de relevancia del instrumento jurídico mencionado con respecto a la cuestión que estamos aquí tratando, Rusia y China propusieron la adopción en su momento de un tratado en virtud del cual los Estados firmantes se comprometerían a, fundamentalmente, no colocar armas en el espacio exterior. Nos estamos refiriendo al Proyecto de Tratado sobre la prevención de la colocación de armas en el espacio ultraterrestre, la amenaza o el uso de la fuerza contra objetos del espacio exterior, el cual fue rechazado sistemáticamente por Estados Unidos[193].

Junto a este dato tan poco alentador, debemos remarcar que hay un número significativo de países que llevan —desde hace

---

189 *Vid. Supra*. Apartado: 2.1.

190 *Ibidem.*

191 *Vid.* Azcárate Ortega, Almudena, «Placement of Weapons in Outer Space: The Dichotomy Between Word and Deed», 2021. Documento disponible en el siguiente enlace:
https://www.lawfaremedia.org/article/placement-weapons-outer-space-dichotomy-between-word-and-deed

192 *Vid.* Han-Taek, Kim, «Militarization and Weaponization of Outer Space in International Law», *The Korean Journal of Air & Space Law and Policy,* Vol. 33, 2018, p. 261-284.

193 *Vid.* Han-Taek, Kim, *ob. cit.*

años— desarrollando una tecnología bélica espacial sin precedentes[194]. Son, de hecho, variadas y extremadamente peligrosas las armas y estrategias que en los últimos años se están articulando[195]. Así pues, ante —por un lado— las carencias legislativas que se aprecian en este marco; y con motivo —por otro lado— del alarmante rearme espacial que estamos viviendo, la COPUOS enfatizó en el año 2023 que era necesario fomentar el diálogo, fortalecer el entendimiento mutuo y promover la cooperación internacional para la utilización pacífica del espacio ultraterrestre. Así quedó estipulado por la presidencia de la Subcomisión de Asuntos Científicos y Técnicos del referido Comité[196].

Debemos recalcar que los desafíos suscitados en este campo con motivo del lanzamiento de las referidas mega-constelaciones son tan singulares que el instrumento jurídico adoptado a finales de la década de los sesenta se muestra claramente insuficiente. A estos efectos, debemos señalar que los satélites que integran

---

194 Así lo entiende García Luengo cuando pone de manifiesto lo siguiente: «el espacio es desde hace tiempo un escenario crítico de puja geopolítica. Su militarización es un componente estratégico en la agenda de seguridad de las principales potencias militares». *Cfr.* GARCÍA LUENGO, Iván, «Las armas espaciales en la militarización del espacio», *Revista Española de Derecho Aeronáutico y Espacial*, núm. 2, 2022, p. 375-386.

195 Con respecto a la variedad referida en el cuerpo principal del texto, deben traerse a colación las siguientes afirmaciones: «en los escalones inferiores se encuentran los ciberataques, la interferencia electrónica de la señal, y los sistemas de energía dirigida empleados desde la superficie terrestre para cegar temporal o permanentemente los sensores de los satélites. A la vez, hay opciones más agresivas como sacar de órbita un satélite con la grúa de otro satélite, atacar físicamente las instalaciones terrestres, y destruir el satélite con un misil lanzado desde la atmósfera o con un arma cinética desde otro sistema situado en el espacio. Los misiles de ascenso directo antisatélite (DA-ASAT) son la opción más extrema, por la escalada militar que entrañan y por los efectos sobre el espacio ultraterrestre, al generar basura espacial que pone en peligro otros sistemas espaciales». *Cfr.* JORDÁN, Javier, *ob. cit.*

196 Documento disponible en el siguiente enlace: https://www.unoosa.org/documents/pdf/copuos/stsc/2023/Statements/2023_STSC-Chair-opening-statement_SPANISH.pdf
A estos efectos, Meyer hace referencia a la imposibilidad de emitir un documento final. *Vid.* MEYER, Paul, «Star-crossed States: No result from the UN Working Group on Reducing Space Threats», *Open Canada*, 2023. Documento disponible en el siguiente enlace: https://opencanada.org/star-crossed-states-no-result-from-the-un-working-group-on-reducing-space-threats/
Asimismo: *Vid. Supra*. 199.

las mega-constelaciones pueden socavar la relación entre los Estados al producirse, por ejemplo, colisiones y/o accidentes con respecto a artefactos que impliquen a dos o más países, dando lugar a malentendidos que a su vez pueden desembocar en serios enfrentamientos. Asimismo, debemos indicar que la presencia masiva de satélites conlleva un aumento de la probabilidad de interferencias en las comunicaciones y en los sistemas de navegación, lo que a su vez tiene implicaciones en el ámbito de la seguridad nacional y militar.

También debemos incidir en que la tecnología asociada a las mega-constelaciones se encuentra destinada principalmente a fines civiles, pero lógicamente ésta puede presentar una dimensión militar[197] susceptible de mermar o poner en jaque la seguridad de los Estados cuando son utilizados para realizar funciones de inteligencia consistentes en, por ejemplo, desempeñar tareas de vigilancia o de recopilación de datos sensibles[198]. Efectos todavía más perversos pueden advertirse cuando las mencionadas agrupaciones satelitales son diseñadas directamente como armas espaciales[199].

Vemos, pues, que el uso dual que estos artefactos pueden llegar a tener entronca con la intención que tienen algunos países de dominar y, por tanto, conquistar el espacio[200]. Así se ha puesto de manifiesto en el grupo de trabajo de composición abierta sobre

---

197 En este orden de ideas, resultan muy apropiadas las siguientes aseveraciones: «one growing challenge is the dual usage of satellites and space technologies. For example, the technology for on-orbit maneuver satellites used to "clean up" the orbit from debris could be used for malicious purposes». *Cfr.* WEHTJE, Betty, «Increased Militarisation of Space - A New Realm of Security», *Beyond the Horizon*, 2023. Documento disponible a continuación:
https://behorizon.org/increased-militarisation-of-space-a-new-realm-of-security/#9pfiu8iea269

198 *Vid.* EARLY, Bryan *et al*, «Spying from Space Reconnaissance Satellites and Interstate Disputes», *Journal of Conflict Resolution*, Vol. 69, 2021, p. 1551-1575.

199 Ante este uso que se le puede dar a los satélites, se han desarrollado las armas antisatélites correspondientes: misiles aire-espacio y misiles superficie-espacio con el propósito de menoscabar o destruir los referidos artefactos.

200 De acuerdo con lo plasmado en el cuerpo principal del texto, la ONU ha indicado lo siguiente: «outer space is becoming a contest for supremacy, drawing on space-based communications and intelligence assets, and the early development of anti-satellite weaponry». Información disponible a continuación: https://press.un.org/en/2023/gadis3722.doc.htm

la reducción de las amenazas espaciales (en inglés: *Open-Ended Working Group on reducing space threats*)[201], el cual surge con motivo de la Conferencia de Desarme fundada en el año 1979 con la idea de «analizar las normas jurídicas internacionales relativas a las amenazas derivadas de ciertos comportamientos en el espacio ultraterrestre, estudiar las amenazas actuales y futuras, proponer recomendaciones de normas, reglas y principios de comportamientos responsables en el espacio ultraterrestre»[202]. Al hilo de lo comentado, debe mencionarse que, a finales del año 2023, se decidió establecer un grupo de trabajo de composición abierta (que operará desde el 2024 al 2028) con el objetivo de examinar los elementos sustantivos de un instrumento internacional jurídicamente vinculante sobre la prevención de la carrera armamentista en el espacio ultraterrestre, incluyendo, entre otras cuestiones, el emplazamiento de armas en el espacio ultraterrestre.

Este debate, como es lógico, se ha trasladado a la doctrina que maneja posibles soluciones y/o fórmulas ideadas con el objetivo de revertir la escalada militar que se está viviendo en el espacio[203]. Por lo tanto, debido a que el entorno espacial está siendo

---

201 En torno a estas ideas, debe indicarse que fue la Resolución de la AG 76/231 del año 2021 la encargada de convocar el referido grupo de trabajo de composición abierta con el propósito de examinar las amenazas actuales y futuras de los Estados, así como los actos, las actividades y las omisiones que podrían considerarse irresponsables. A estos efectos, el citado grupo de trabajo asume la tarea de, entre otras cosas, «formular recomendaciones sobre posibles normas, reglas y principios de conductas responsables en relación con las amenazas de los Estados a los sistemas espaciales, incluso, cuando proceda, acerca de la contribución que podrían hacer a la negociación de instrumentos jurídicamente vinculantes, en particular sobre la prevención de la carrera armamentista en el espacio ultraterrestre».

202 *Cfr.* HERNÁNDEZ GARCÍA, Sebastián, «Desmilitarización del espacio ultraterrestre: las Naciones Unidas y la creación del grupo de trabajo de composición abierta sobre la reducción de las amenazas espaciales», *Revista Española de Derecho Aeronáutico y Espacial*, núm. 2, 2022, p. 385-397.

203 *Vid.* YONGLIANG, Yan, «Anti-weaponization of Outer Space for Maintaining Long-term Sustainability of Outer Space Activities», *Space Policy*, núm. 63, 2023, p. 1-10. Otros abogan por la introducción de un nuevo precepto legal en el Tratado de 1967 que ayudaría a evitar la escalada de tensión. *Vid.* HOFFMANN, Andrew, «A New Era in the Weaponization of Space: The U.S. Space Force & An Update to the Outer Space Treaty», *Transnational Law & Contemporary Problems*, Vol. 29, 2020, p. 327-352. Asimismo, hay quien se decanta por la elaboración de un acuerdo jurídico en el que se introduzcan cuestiones relativas al *hard law* y al *soft law*. *Vid.* HERNÁNDEZ GARCÍA, Sebastián, «Desmilitarización del espacio ultraterrestre: las Naciones Unidas y la creación del grupo de trabajo de composición abierta sobre la reducción

objeto de una fuerte y creciente disputa, la adopción de estrategias concretas y contundentes debe ser una prioridad inaplazable para la comunidad internacional.

3.1.2. La congestión del tráfico espacial

La cifra relativa al lanzamiento de los referidos enjambres satelitales no ha dejado de crecer en los últimos años[204]. Ante esta importante aseveración, resulta pertinente señalar que esta situación tan delicada se ha visto agravada ante la tradicional falta de control que ha imperado en el ámbito de la del recurso órbita-espectro[205]. De todos modos, independientemente de si ello ha contribuido a agudizar aún más el caos que parece reinar en el espacio desde hace ya un tiempo[206], no hay duda de que el despliegue incesante de satélites está colapsando el espacio de manera considerable, intensificando —*inter alia*— las probabilidades de colisión entre los objetos que se encuentran en órbita[207]. En este orden de ideas, conviene aclarar que un accidente en el espacio puede suponer no sólo la pérdida de —por ejemplo— satélites individuales, sino que también puede llegar a mermar —y de manera considerable— las relaciones entre los Estados con todas las complicaciones que ello puede traer consigo[208].

---

de las amenazas espaciales», *Revista Española de Derecho Aeronáutico y Espacial*, núm. 2, 2022, p. 385-397.

204 En el enlace que figura a continuación se tiene información en tiempo real acerca del número de satélites que se encuentran actualmente en órbita: https://orbit.ing-now.com/low-earth-orbit/

205 Como ya explicamos, en un primer momento, la regla aplicable en la adjudicación de los citados recursos era la siguiente: primer llegado, primer servido. Posteriormente, se ha pretendido instaurar un sistema más equitativo. Y, en este contexto, el referido Reglamento de Radiocomunicaciones de la UIT está desempeñando un rol fundamental en, por un lado, la asignación de las correspondientes frecuencias, dividiendo el mundo en tres regiones, tal y como ya fue comentado.

206 *Vid. Supra*. Nota 69.

207 Al hilo de lo expuesto, cabe hablar de posibles colisiones entre basura espacial y satélites artificiales y, por supuesto, entre residuos espaciales. *Vid*. RUIZ CATALÁ, Melanie, «La conquista espacial: la responsabilidad de los Estados por las actividades de las empresas en el espacio ultraterrestre», *Revista Boliviana de Derecho*, núm. 33, 2022, p. 724-751.

208 *Vid. Supra*. Apartado: 3.1.1.

Así, debemos plantearnos si existe o no una normativa clara y eficaz que incida en la gestión del tráfico espacial (en inglés: *space traffic management*) [209]. En definitiva, debemos averiguar si la regulación en cuestión ha sido ideada para verdaderamente reducir las probabilidades de colisión entre artefactos espaciales. Y, para que este análisis sea completo, hay que incidir también en si las normas aplicables contemplan o no una disminución del número de desechos espaciales, puesto que éstos contribuyen a crear un espacio inestable en los términos que estamos aquí analizando[210].

Así pues, ante esta problemática tan acuciante, debemos traer a colación en un primer momento el ya citado Convenio sobre la responsabilidad internacional por daños causados por objetos espaciales, cuyo artículo II proclama lo siguiente: «un Estado de lanzamiento tendrá responsabilidad absoluta y responderá de los daños causados por un objeto espacial suyo en la superficie de la Tierra o a las aeronaves al vuelo». A primera vista, podría determinarse que dicho precepto legal es adecuado. Sin embargo, cuando se examinan todas las normas que integran la mencionada herramienta, se llega rápidamente a la conclusión de que su contenido carece de disposiciones contundentes con capacidad para abordar o enfrentar los desafíos planteados en la actualidad ante el incesante despliegue de los mencionados enjambres satelitales. Una de las razones principales radica en la siguiente idea: no se aborda la responsabilidad potencial del Estado creador del artefacto en cuestión[211]. En sintonía con esta reciente observación, debemos indicar que tampoco se hace alusión a las entidades jurídicas que actualmente desempeñan un papel crucial en la creación y lanzamiento de objetos al espacio.

---

209 Contant-Jorgeson define la referida gestión del tráfico espacial del siguiente modo: «(...) the set of technical and regulatory provisions for promoting safe access into outer space, operations in outer space and return from outer space to Earth free from physical or radiofrequency interference». *Cfr.* CONTANT-JORGESON, Corinne, *et. al.*, «The IAA Cosmic Study on space traffic management», *Space Policy*, núm. 22, 2006, p. 283-288.

210 A estos efectos, es fundamental señalar que la gestión del tráfico espacial engloba, entre otras cuestiones, la implementación de mecanismos de mitigación de escombros. *Ibidem*. En todo caso, debe indicarse que en el presente estudio se dedica un apartado específico sobre basura espacial. *Vid. Infra*. Apartado: 3.1.3.

211 *Vid. Supra*. Apartado: 2.1.

De acuerdo con lo expuesto en el párrafo anterior, nos plan-teamos la siguiente cuestión: ¿es el Estado de lanzamiento de un determinado aparato o conjunto de aparatos el único culpable cuando se produce un accidente, a pesar de que haya sido otro país o una empresa de su misma nacionalidad (o, incluso, de otra) la que se ha implicado en el proceso de creación de la citada maquinaria? Parece que el comentado instrumento así lo esti-pula de conformidad con, entre otros, el artículo II. Sin embargo, siendo conscientes del papel cada vez más relevante que desem-peñan los actores privados en el espacio y ante la posibilidad de que el Estado de lanzamiento de los artefactos en cuestión sea diferente con respecto al que propició su creación, vemos que es preciso adoptar normas claras que incidan en las implicaciones que una determinada situación puede tener, máxime si en ella intervienen actores privados y más de un Estado[212]. Así pues, es evidente que el referido acuerdo se encuentra un tanto desfasado y que son muchas las situaciones que no se contemplan[213].

Teniendo en cuenta que la comentada herramienta jurídica es producto de su tiempo, surgen además otro tipo de dudas que ahondan en su falta de eficacia. Así las cosas, hay cierto recelo en torno a lo que debe entenderse por «objeto espacial»[214]. De acuerdo con el citado Convenio, este término abarca las partes componentes de un objeto espacial, así como el vehículo propul-

---

212 Al hilo de estas consideraciones ha surgido un intenso debate en torno a la perso-nalidad jurídica internacional conforme al cual se discute acerca de la posibilidad de que ésta pueda llegar a recaer sobre los referidos actores privados. Esta discu-sión surgió, en gran medida, tras la adopción de los llamados principios Ruggie. *Vid*. Hellman, Jacqueline, «La superación de la doctrina clásica en torno a la sub-jetividad internacional en detrimento de las multinacionales», *Anuario Mexicano de Derecho Internacional*, Vol. XVIII, 2018, p. 409-450.
   Además de lo expuesto en el cuerpo principal del texto, hay también incógnitas acerca de si los daños causados por los objetos espaciales engloban los perjuicios ocasionados al medio ambiente. *Vid*. Zykov, Roman, «Liability for damage caused by space objects», *Transnational Dispute Management*, 2021. Documento disponi-ble a continuación: https://mansors.com/blog/liability-for-damage-caused-by-spa-ce-objects

213 En línea con lo comentado en el cuerpo principal del texto, debemos recalcar que nada se establece acerca de la posibilidad de que un aparato espacial dañe, por ejemplo, un observatorio terrestre. *Vid*. Kirchner, Stefan, «El impacto de las gran-des constelaciones de satélites en la astronomía terrestre y los límites del derecho internacional», *SSRN Electronic Journal*, núm. 3, 2020, p. 1-9.

214 *Vid. Supra*. Apartado: 2.1.

sor y sus partes. Dicho lo cual, no sabemos con certeza si la referida noción engloba a su vez las partes inactivas, disfuncionales o desintegradas de esta clase de artefactos. En definitiva, no hay claridad acerca de si la basura espacial queda o no bajo el ámbito de aplicación del referido instrumento.

Así las cosas, la comunidad internacional ha tratado de suavizar las carencias normativas existentes en este ámbito mediante la adopción de otra clase de documentos. A estos efectos, debe traerse a colación la resolución de la Asamblea General 59/115 (adoptada el 10 de diciembre de 2004) conforme a la cual se recomienda a los Estados a que adopten la regulación pertinente «(…) por la que se autorice y disponga la supervisión continua de las actividades que llevan a cabo en el espacio ultraterrestre las entidades no gubernamentales que se encuentran bajo su jurisdicción». Este documento toma como referencia el informe emitido por la COPUOS en su 42.º período de sesiones y el informe de la Subcomisión de Asuntos Jurídicos sobre su 41.º período de sesiones; y se centra, además, en las conclusiones emitidas por el Grupo de Trabajo en relación con el «examen del concepto de Estado de lanzamiento». En cualquier caso, el *quid* de la cuestión radica en que a través de dicha resolución se invita a los Estados miembros a «presentar información, a título voluntario, sobre las prácticas que aplican en relación con la transferencia en órbita de la propiedad de objetos espaciales». Vemos, por tanto, que se han adoptado medidas *sui generis* que tienen por objeto afrontar el referido y reciente desarrollo tecnológico.

Asimismo, debemos traer a colación el Convenio sobre el registro de objetos lanzados al espacio ultraterrestre en la medida en que el segundo precepto legal estipula que el Estado de lanzamiento debe registrar el objeto espacial lanzado. El objetivo es informar, entre otras cosas, sobre los parámetros orbitales básicos que seguirán los aparatos espaciales cuando éstos sean finalmente lanzados[215]. No obstante, es importante incidir en la idea de que el citado acuerdo no obliga a los Estados a actualizar la información de turno cuando, por ejemplo, se producen cambios

---

215 *Vid. Supra*. Apartado: 2.1.

en la utilización de una determinada órbita[216]. Además, éste utiliza un lenguaje poco contundente cuando indica en el apartado 3 del artículo IV que un Estado debe informar al secretario general de la ONU «en la mayor medida posible y en cuanto sea factible, acerca de los objetos espaciales que ya no estén en la órbita terrestre». Consecuentemente, los textos internacionales en vigor se muestran una vez más insuficientes.

En vista de lo anterior, parece lógico que no se hayan podido evitar accidentes en el entorno espacial. Así sucedió en el año 2009 cuando se produjo una colisión entre el satélite ruso *Cosmos-2252* que se encontraba en desuso y el norteamericano *Iridium 33* que sí se encontraba operativo. Este choque provocó que miles de fragmentos se desperdigarán por el espacio. Además de la multitud de escombros generados con motivo del incidente mencionado, se desató un importante debate en torno a los riesgos que existen en este ámbito. Poco tiempo después, se creó la *Space Data Association*, una asociación internacional que tiene por objeto compartir información relativa a los satélites que se encuentran en activo para, entre otras cosas, evitar posibles colisiones en el espacio. Más adelante, en el año 2019, quedó constituida la *Space Safety Coalition.* Esta alianza —integrada fundamentalmente por Estados y compañías— tiene como objetivo promover un espacio seguro mediante la adopción de las directrices y prácticas adecuadas. En una línea muy similar, la Unión Europea cuenta desde hace poco con la actuación de la Agencia de la Unión Europea para el Programa Espacial, la cual pretende —*inter alia*— incrementar la seguridad en el espacio.

Vemos, pues, que se están adoptando medidas interesantes orientadas a promover —en gran medida— un valioso intercambio de información con el objetivo de procurar orden en el espacio[217].

---

216 *Vid.* BLOUNT, P. J., «Space Traffic Coordination: Developing a Framework for Safety and Security in Satellite Operations», *Space: Science & Technology*, 2021, p. 1-10. Sea como fuere, debe indicarse que se han adoptado medidas para aliviar las referidas carencias normativas. En este sentido, debe traerse a colación la resolución 62/101 del 17 de diciembre de 2007 conforme a la cual hay que procurar al secretario general de la ONU información relativa a —*inter alia*— las modificaciones que tengan lugar con respecto a las operaciones que lleve a cabo un satélite.

217 Al hilo de lo expuesto, hay que aclarar que los estándares están jugando un papel relevante en este ámbito. Así pues, debe indicarse que: «un estándar es simplemente un documento que proporciona los requerimientos, las especificaciones,

Sin embargo, todas estas estrategias que acabamos de comentar no presentan un carácter vinculante; pertenecen, de hecho, al ámbito del *soft law* y se desarrollan —desafortunadamente— en el marco de la coordinación y la colaboración voluntaria. Así pues, las medidas que se están adoptando en este marco no son lo suficientemente contundentes.

Sea como fuere, deben traerse a colación otras estrategias de interés que inciden en la sostenibilidad del referido entorno espacial. El objetivo es claro: generar un espacio seguro y confiable. Así lo corrobora la Unión Europea cuando subraya que la gestión del tráfico espacial debe implicar la adopción de normas que incidan en un acceso al espacio ultraterrestre seguro, sostenible y protegido[218]. *En este ámbito, cobran relevancia las ya comentadas* Directrices relativas a la sostenibilidad a largo plazo de las actividades en el espacio ultraterrestre del año 2019[219]; debemos recordar que éstas hacen referencia a la idea de que el entorno orbital constituye un recurso limitado «donde el aumento de los desechos espaciales y la complejidad cada vez mayor de las operaciones espaciales (…) han incrementado el riesgo de colisión de los objetos espaciales y de interferencia con su funcionamiento,

---

las directrices o las características que pueden utilizarse sistemáticamente para garantizar que los materiales, productos, procesos y servicios sean aptos para sus propósitos». *Cfr.* Masson-Zwaan, Tanja, «El marco internacional para las actividades espaciales», en Johnson, Christopher (ed.), *Manual para nuevos actores en el espacio*, Integrity Print Group, Denver, 2020, p. 2-59. En torno esta cuestión, debe destacarse el papel ejercido por la Organización Internacional de Normalización para facilitar la coordinación internacional y la unificación de los estándares industriales en la medida en que algunas de sus normas se aplican al ámbito espacial; concretamente, la comisión técnica especializada TC20 se centra específicamente en vehículos espaciales y aeronaves. Junto a ello debe destacarse la labor realizada por el Comité de la ONU sobre la Gestión Global de la Información Geoespacial, puesto que proporciona un espacio de coordinación e intercambio de información. En definitiva, su principal objetivo es fomentar el desarrollo de la información geoespacial a nivel mundial y promover su utilización para abordar desafíos a escala global. Así las cosas, el referido comité ha promovido el estándar relativo a mensaje de datos en órbita como una manera de proporcionar información orbital, así como con respecto a maniobras y posibles colisiones.

218 Así se puso de relieve en una comunicación conjunta emitida por el Parlamento Europeo y el Consejo en el año 2022.

219 *Vid. Supra.* Apartado: 2.2.1.

capaces de afectar a la sostenibilidad a largo plazo de las actividades espaciales»[220].

No hay duda de que la comunidad internacional está avanzando ante este particular desafío. Sin embargo, para verdaderamente hacer frente a este problema cada vez más apremiante, es preciso adoptar regulación internacional vinculante. Así lo indicó la COPUOS, a comienzos del año 2023, cuando concluyó que la adopción de un tratado internacional que incida y regule el tráfico espacial (bajo la premisa esencial de asegurar un espacio seguro y sostenible) debe ser un objetivo prioritario para la comunidad internacional. Observamos, por tanto, que la citada Comisión tiene claro la forma en la que afrontar los riesgos y desafíos que se dan en el espacio si lo que se pretende es crear un entorno seguro y ordenado. Habrá que ver si ello llega finalmente a suceder.

3.1.3. Basura espacial

Los desechos espaciales o residuos orbitales son objetos no funcionales, fragmentos y restos de equipos que se encuentran orbitando la Tierra (en inglés: *space debris*)[221]. En la actualidad, hay más de ciento treinta millones de objetos de distinto tamaño (entre un milímetro y un centímetro) «viajando» alrededor de nuestro planeta a gran velocidad (alrededor de veintiocho mil kilómetros por hora)[222]. Asimismo, se estima que hay aproximadamente dos mil satélites inservibles, así como más de veinte mil objetos no identificados circulando en el espacio. Como ya anticipamos, la acumulación de esta clase de desechos plantea serios riesgos

---

220 *Vid*. CATANI, Carolina, *ob. cit.*

221 Este concepto incluye también los fragmentos de satélites desgastados, cohetes utilizados, piezas desprendidas durante misiones espaciales y otros restos generados por actividades humanas en el espacio. Hay, en cualquier caso, una falta de unanimidad en torno a la definición de este término. No obstante, la NASA lo define del siguiente modo: «orbital debris is any human-made object in orbit about the Earth that no longer serves a useful function. Such debris includes nonfunctional spacecraft, abandoned launch vehicle stages, mission-related debris, and fragmentation debris».

222 En este orden de ideas, resulta de interés mencionar de nuevo el síndrome de Kessler en la medida en que apreciamos que la teoría planteada hace ya tiempo se ha visto claramente corroborada en pleno siglo XXI de acuerdo con la ingente cantidad de desechos espaciales que actualmente existe. *Vid. Supra*. Nota 69.

en la medida en que pueden colisionar entre sí, generando a su vez más fragmentos y aumentando la posibilidad de provocar accidentes con —*inter alia*— otros satélites operativos y otros que se encuentren en desuso. Lo anterior no hace sino incrementar de manera considerable la cantidad de escombros que ya existe.

Es evidente que la situación que aquí esbozamos es de suma gravedad hasta el punto de que se ha formado una especie de cinturón artificial compuesto de basura espacial de gran tamaño que ha motivado, por ejemplo, la modificación de la trayectoria de la EEI en más de una ocasión[223]. Lo expresado en este apartado debe conjugarse junto a un hecho que ha sido plasmado en el presente estudio en varias ocasiones: el lanzamiento de satélites no ha dejado de crecer en los últimos años. Esta compleja situación nos lleva a dos consideraciones fundamentales: por un lado, la sobrecarga innegable a la que se ven expuestas las órbitas terrestres en la actualidad y, por otro lado, la vulnerabilidad de las estaciones, naves y artefactos espaciales que circulan en el espacio[224].

Ante esta compleja coyuntura que se está dando en el entorno espacial más cercano a la Tierra, la comunidad internacional ha promovido la adopción de las medidas correspondientes para, lógicamente, minimizar la generación de los residuos espaciales. Muchas de éstas han sido ya explicadas en apartados anteriores[225]. No obstante, aunque pueda resultar un tanto repetitivo debe traerse a colación —en este punto de la explicación— la importante labor realizada por el IADC a través del cual no sólo se coordinan las actividades llevadas a cabo por las agencias espa-

---

223 *Vid.* Barrachina, Mercedes, *et al.*, «El reto de gestionar la basura espacial», *BIT*, 2023. Documento disponible a continuación: https://bit.coit.es/el-reto-de-gestionar-la-basura-espacial/

224 Junto al grave incidente ocurrido en el año 2009 conforme al cual el *Iriduim 33* y el *Kosmos 2251* se chocaron, debemos indicar otras situaciones que han puesto de manifiesto el riesgo que en este ámbito existe. Así, por ejemplo, en el año 2021, un satélite de la empresa *OneWeb* y otro de *SpaceX* estuvieron a punto de colisionar. Un aviso de la Fuerza Espacial de los Estados Unidos informó sobre el riesgo y evitó que se produjera el choque. Dos años antes, la ESA orquestó una delicada maniobra conforme a la cual se pretendía evitar la colisión de uno de sus satélites, el *Aeolus Earth*, con otro de una constelación perteneciente a la citada compañía *SpaceX*. La decisión que se tomó fue encender los propulsores correspondientes.

225 *Vid. Infra*. Nota 221.

ciales de todo el mundo, sino que además se desarrollan importantes estrategias en relación con la gestión de residuos espaciales. Al hilo de lo anterior, debemos subrayar que dicho Comité propició la adopción de las ya comentadas directrices del año 2007, las cuales tienen por objeto reducir los citados desechos espaciales[226]. Concretamente, éstas deben tomarse en consideración en la fase relativa a la planificación de las misiones y la de diseño, así como en la fabricación y puesta en funcionamiento de las naves espaciales[227]. También aquéllas hacen referencia a las etapas orbitales de los vehículos de lanzamiento[228].

Con el ánimo de proporcionar más información en torno al impacto que tienen las mencionadas directrices, es preciso comentar que fueron diseñadas con el propósito de evitar una mayor proliferación de residuos en la órbita terrestre; además, establecen una serie de recomendaciones a los operadores satelitales que redundan en la idea anterior. No obstante, hay que señalar —una vez más— que la estrategia mencionada no es legalmente vinculante. Sea como fuere, representan un esfuerzo conjunto por parte de la comunidad internacional de abordar el problema relativo a la basura espacial de manera cooperativa y mitigar —a su vez— los riesgos que surgen con motivo de la proliferación de objetos en el espacio[229].

---

226 *Vid. Supra*. Nota 129.

227 En el ámbito relativo al funcionamiento de los artefactos espaciales, las directrices abarcan tanto el momento relativo al lanzamiento, como a la misión en sí y, por supuesto, a la eliminación de la máquina en cuestión. A este respecto, el documento en cuestión menciona lo siguiente en la directriz número uno: «los sistemas espaciales se deberían diseñar de manera tal que no liberen desechos espaciales durante su funcionamiento normal. Cuando ello no sea viable, se deberían minimizar los efectos de la liberación de desechos en el medio espacial».

228 A estos efectos, la directriz número seis proclama lo siguiente: «limitación de la presencia a largo plazo de naves espaciales y etapas orbitales de vehículos de lanzamiento en la región de la órbita terrestre baja (LEO) al final de la misión». El comentado documento menciona de manera expresa que las naves espaciales y las etapas orbitales de los cohetes que hayan completado sus operaciones en órbitas y que atraviesen la OTB deberían ser retirados de manera planificada. En el caso de que ello no sea factible, se deberían trasladar a órbitas que eviten su permanencia a largo plazo en la región de la comentada franja orbital.

229 Además, de lo mencionado en el cuerpo principal del texto, debe traerse a colación el Convenio sobre responsabilidad internacional por daños causados por objetos espaciales, aunque como ya vimos no aborda la cuestión relativa a la basura espacial. No obstante, establece principios importantes relacionados con la responsa-

Junto a lo anterior, debemos destacar la actuación de la UIT, puesto que también ha querido afrontar este serio desafío. Este organismo especializado de la ONU es consciente de que los recursos orbitales se encuentran saturados, lo que a su juicio no sólo incrementa el riesgo de un mayor número de interferencias entre las señales emitidas por los satélites, sino que además contribuye a generar una mayor basura espacial. Ello le ha obligado a focalizar parte de su atención en, por un lado, qué debe hacerse cuando un satélite ha culminado su misión y, por otro lado, de qué manera se puede recuperar el artefacto en cuestión. A estos efectos, dicho organismo solicita a los «operadores de satélites [que] presenten un informe sobre los planes para la eliminación del satélite al final de su vida útil. Este informe incluye información sobre los planes del operador para retirar de órbita el satélite, reducir el riesgo de colisión con otros objetos en órbita y minimizar la generación de desechos orbitales»[230].

Asimismo, debemos también destacar la labor desempeñada por las agencias espaciales y empresas privadas que tratan de eliminar o reducir la basura espacial existente. En este sentido, debemos mencionar que la ESA ha publicado hace poco la Carta Cero Desechos Espaciales (en inglés: *Zero Charter Debris*) con el objetivo de que los actores espaciales se comprometan a generar un futuro sostenible en el espacio. La idea es limitar la producción de desechos en las órbitas terrestres, así como en la órbita lunar para el año 2030[231]. En una línea muy similar, la referida agencia

---

bilidad y la prevención de daños. Es evidente que también tiene interés el citado Acuerdo sobre el salvamento y la devolución de astronautas y la restitución de objetos lanzados al espacio ultraterrestre en la medida en que contiene normas y procedimientos para el rescate y la devolución de astronautas en caso de aterrizaje de emergencia en territorio de otro Estado parte, así como la restitución de objetos lanzados al espacio.

230 *Cfr*. BARRACHINA, Mercedes, *et al., ob. cit.*

231 A la luz de las consideraciones vertidas en el cuerpo principal del texto, la Carta citada indica lo siguiente: «1. Space debris should not be intentionally released during space activities and the unintentional generation of space debris should be minimized. 2. Adverse effects of space debris, including, but not restricted to, their impact on the population, infrastructure and the Earth environment when re-entering the atmosphere, and on dark and quite skies, should be anticipated and mitigated to the greatest possible extent. 3. Constant and collaborative efforts should be made to improve our knowledge and understanding of the population of space debris of all sizes, our impact on it and its impact on us».

ya ha puesto en funcionamiento la misión Clear Space conforme a la cual pretende rescatar residuos espaciales[232].

Podemos traer a colación otro tipo de medidas que muestran la intención de revertir la caótica situación que existe en el espacio. Así pues, junto a los artefactos ideados con el objetivo de limpiar y capturar desechos, cobran interés los sistemas diseñados para desorbitar satélites al final de su vida útil. Además, desde el punto de vista de las políticas internas, comprobamos que algunos países se están movilizando —aunque sea muy tímidamente— para hacer frente a compleja problemática[233]. En este sentido, debe destacarse la actuación de la Comisión Federal de Comunicaciones de Estados Unidos en la medida en que impuso a finales del año pasado una sanción a la compañía *Dish Network* por no retirar de manera conveniente su satélite *EchoStar-7*, el cual había operado durante dos largas décadas aproximadamente. Esta decisión se fundamentó en una norma interna adoptada en el año 2022 conforme a la cual se exige a los operadores satelitales que se deshagan de sus artefactos en los cinco años posteriores a la finalización de la misión. Sin duda, se advierte un mayor grado de compromiso en este ámbito.

Sea como fuere, siendo conscientes de que las medidas anteriores no han supuesto una minimización significativa de la basura espacial que existe en la actualidad, entendemos que es preciso implementar otro tipo de estrategias que tengan un carácter más contundente. Así pues, más que ceñirnos en la cantidad de acciones que se puedan diseñar en un futuro, entendemos que la premisa fundamental radica en la idea de que es necesario focalizarse en la naturaleza de las mismas. En otras palabras, hay que apostar por una táctica eficaz para verdaderamente afrontar el desafío que aquí nos ocupa y ello, no hay duda, nos obliga a decantarnos por la adopción de estrategias vinculantes. Consecuentemente, las

---

232 *Vid. Supra*. Nota 69.

233 En este sentido, Luján Flores afirma lo siguiente: «los procedimientos de eliminación de desechos hasta el momento no han sido lo suficientemente eficaces para eliminar la amenaza que los desechos espaciales implican». *Cfr*. Luján Flores, María, «los desechos espaciales: un desafío pendiente», *Revista de Estudios Jurídicos*, núm. 22, 2022, p. 1-16. Asimismo: *Vid*. Keles, Omer, «Telecommunications and Space Debris: Adaptive Regulation Beyond Earth», *Telecommunications Policy*, núm. 47, 2023, p. 1-14.

actuaciones que puedan articularse en los próximos años deben ser de obligado cumplimiento y abarcar cuestiones relativas a la prevención, reparación y sanción de las acciones realizadas por aquellos que contribuyan a generar basura espacial[234]. Ello, entre otras cosas, podría llevar a la comunidad internacional a crear un órgano con capacidad para supervisar y aplicar sanciones ante este tipo de comportamientos[235]. De este modo, se propiciaría un uso seguro y responsable del espacio.

En vista de lo explicado a lo largo del presente estudio, comprobamos que la comunidad internacional tiene importantes y diversas tareas pendientes; y, es evidente, que combatir la basura espacial se erige como un reto principal.

3.1.4. Contaminación lumínica

En esta sección nos enfocaremos en cómo los satélites que forman parte de las mega-constelaciones están dando lugar a un debate muy particular sobre la contaminación lumínica que están ocasionando. En este punto de la explicación, debemos incidir en la idea de que los satélites provocan «destellos» cuando sus paneles solares se posicionan de tal manera que proyectan luz solar hacia la Tierra, elevando momentáneamente su brillo a niveles comparables con los de Venus o Júpiter[236]. En definitiva, esta clase de artefactos propician el comentado fenómeno a través de sus respectivas superficies reflectantes; todo lo cual redunda en el hecho irrefutable de que desde hace unos años la oscuridad en el cielo ha menguado de manera significativa. Ello debe ser analizado junto a los datos y a las estimaciones que se barajan en la actualidad conforme a las cuales se prevé que el número de arte-

---

234 *Vid.* Luján Flores, María, *ob. cit.* A estos efectos, debe señalarse que a comienzos del año 2023 un equipo internacional de científicos puso de relieve la necesidad de adoptar un tratado vinculante que tenga por objeto garantizar el futuro de la industria en este ámbito, protegiendo de este modo los recursos espaciales existentes.

235 A estos efectos, Keles considera que el órgano en cuestión debería asumir las siguientes funciones: «(...) standardize clear and explicit definitions of space debris and [create] certain rules for national protection inspection and assessment, assignment of accountabilities, penalties and prizes, as a universal remedy for space debris removal». *Cfr.* Keles, Omer, *ob. cit.*

236 Así se ha puesto de manifiesto en estudios realizados por *National Geographic*.

factos incrementará de manera dramática en un corto espacio de tiempo. Concretamente, se calcula que habrá más de sesenta mil satélites orbitando la Tierra en el año 2030. Así pues, la alarma es total.

Dicho lo cual, hace ya unos años, el Proyecto de Sondeo Astronómico (en inglés: *Zwicky Transient Facility*) puso de relieve que los telescopios se estaban viendo afectados con motivo del lanzamiento de satélites que en aquel momento constituía nada más que una tendencia meramente incipiente. Estas aseveraciones fueron plasmadas en el año 2019[237]. De hecho, en la comentada fecha, se puso de relieve que el 0,5 % de las imágenes tomadas durante el crepúsculo se estaban viendo mermadas como consecuencia del despliegue de *Starlink*. Dos años después, el porcentaje subió hasta el 20 %. En esos mismos años, la *Royal Astronomical Society* indicó que se establa produciendo un aumento del brillo general del cielo, subrayando a su vez que el incremento podría llegar a superar en un 10 % los niveles de luz natural en gran parte del planeta. Todo ello estaba siendo provocado por el elevado número de objetos que ya por aquel entonces estaban orbitando la Tierra. Asimismo, la citada sociedad manifestó que en el caso de que dichos datos fueran confirmados, se rebasaría el umbral que los astrónomos habían fijado hace más de cuatro décadas para determinar que un lugar se encuentra contaminado lumínicamente[238].

Producto de lo anterior, comprobamos que los satélites están promoviendo una fuerte contaminación que está afectando, fundamentalmente, a la observación astronómica. En definitiva, la presencia inusitada de satélites en la OTB está interfiriendo en las observaciones científicas y, por lo tanto, está impactando en los estudios astronómicos realizados, los cuales dependen —como es evidente— de mediciones precisas[239]. Consecuentemente, las investigaciones que

---

237 *Vid*. PULTAROVA, Tereza, «SpaceX's Starlink Satellites Leave Streaks in Asteroid-Hunting Telescope's Images», *Scientific American*, 2022.

238 Información disponible en el siguiente enlace:
https://ras.ac.uk/news-and-press/news/satellites-contribute-significant-light-pollution-night-skies

239 Al hilo de lo expuesto, debe indicarse que los estudios realizados muestran que los satélites ubicados por debajo de los seiscientos kilómetros son visibles durante ciertas horas cercanas al crepúsculo astronómico con respecto a observatorios

vayan a realizarse en los próximos años se van a ver seriamente mermadas debido a la presencia cada vez mayor de satélites, si no se toman medidas de calado que tengan la capacidad de revertir la situación actual. Si ello no sucede, será complicado avistar objetos cercanos a la Tierra[240]. Es más, los programas ideados con el propósito de analizar los peligros que se derivan de la existencia de objetos próximos a nuestro planeta se están ya viendo afectados por la presencia de mega-constelaciones, generando —como es lógico— una fuerte inquietud en el ámbito científico.

En este contexto, debemos subrayar que la presencia desorbitada de satélites puede generar otro tipo de desafíos más allá del daño comentado en esta sección en la medida en que los citados artefactos trabajan en unos rangos de frecuencia, así como en unas frecuencias próximas a las empleadas por los radioastrónomos cuando exploran el universo. En definitiva, la saturación del recurso orbital está conllevando un incremento del ancho de banda, así como de la potencia de transmisión de las radiocomunicaciones. Todo lo cual se traducirá en un mayor número de interferencias que afectará a quienes utilicen el comentado recurso para unos fines u otros.

Volviendo al tema que nos ocupa en este apartado, debemos indicar que, a tenor de los datos recabados, el aumento de luz en los cielos está mermando el entorno de la Tierra hasta el punto de que se ha establecido una relación entre el exceso de iluminación y el cambio climático, si bien es cierto que por el momento no está claro el impacto específico que ello supondrá[241]. En torno a

---

ubicados en latitudes medias, si bien no se podrán ver alrededor de la medianoche solar local. Los artefactos ubicados por encima de la altitud referida generan también una fuerte preocupación, puesto que son visualizados en los mismos momentos que hemos señalado anteriormente. Y, además, pueden estar iluminados durante toda la noche, afectando todavía más las observaciones astronómicas que vayan a hacerse. *Vid.* WALKER, Constance, *et al.*, «Impact of Satellite Constellations on Optical Astronomy and Recommendations Towards Mitigations», *NOIRLab*, 2020, p. 1-22.

240 *Vid.* PRZEMEK, Mroz, *et. al.*, «Impact of the SpaceX Starlink Satellites on the Zwicky Transient Facility Survey Observations», *Astrophysical Journal Letters*, Vol. 924, 2022, p. 1-13.

241 Sea como fuere, es preciso señalar que, en el año 2020, se emitió un informe en virtud del cual se indicó que la contaminación lumínica se puede generar a simple vista, es decir: sin necesidad de utilizar instrumentos específicos que faciliten la

todas estas cuestiones, deben mencionarse también los efectos perversos que este tipo de contaminación está provocando en el medioambiente[242]. Más concretamente, parece que los destellos provocados por los satélites mermarán a buen seguro la biodiversidad[243] e, incluso, la salud y el patrimonio cultural que se encuentra ligado a los cielos nocturnos[244].

A raíz de lo explicado, debemos plantearnos si la regulación internacional alberga normas que hagan frente a la situación aquí descrita. En este sentido, debemos centrar nuestra atención una vez más en el Tratado de 1967, el cual establece en el párrafo primero y segundo del artículo I la siguiente cuestión:

> «La exploración y utilización del espacio ultraterrestre, incluso la Luna y otros cuerpos celestes, deberán hacerse en provecho y en interés de todos los países, sea cual fuere su grado de desarrollo económico y científico, e incumben a toda la humanidad. El espacio ultraterrestre, incluso la Luna y otros cuerpos celestes, estará abierto para su exploración y utilización a todos los Estados sin discriminación alguna en condiciones de igualdad y en conformidad con el derecho internacional, y habrá libertad de acceso a todas las regiones de los cuerpos celestes»[245].

Como ya dijimos, la exploración y utilización del espacio ultraterrestre, incluso la Luna y otros cuerpos celestes, deberán hacerse en provecho y en interés de todos los países. No sólo eso. El precepto anterior también indica el tipo de conducta que debe imperar en este ámbito. Junto a ello, debemos traer a colación el artículo IX, el cual confiere una protección de carácter medioambiental:

> «Los Estados Partes en el Tratado harán los estudios e investigaciones del espacio ultraterrestre, incluso la Luna y otros cuerpos celestes, y procederán a su exploración de tal forma que no se produzca una contaminación nociva ni cambios desfavorables en el medio ambiente de la Tierra como consecuencia de la

---

exploración del cielo. Dicho documento fue elaborado con motivo de la celebración del taller *Satellite Communication* que tuvo lugar a finales de julio y principios de julio del año mencionado. *Vid.* WALKER, Constance, *et al.*, *ob. cit.*

242 *Vid.* Apartado: 3.1.5.

243 *Vid.* DUNNE, Sean, «Rage Against the Dying of the Light: Regulation of Light Pollution from Satellites», *University of Illinois Law Review*, núm. 3, 2023, p. 1021-1048.

244 *Ibidem.*

245 *Vid*. Apartado: 2.1.

introducción en él de materias extraterrestres, y cuando sea necesario adoptarán las medidas pertinentes a tal efecto».

Asimismo, el referido precepto legal estipula que, si un Estado miembro considera que sus actuaciones o las de sus nacionales pueden perjudicar a otros, tendrá que celebrar las consultas internacionales oportunas antes de iniciar esa actividad o ese experimento. Se deberá seguir ese mismo procedimiento en el caso de que un Estado considere que la actuación de otro está mermando sus actividades de exploración y utilización del espacio ultraterrestre con fines pacíficos, incluso en la Luna y otros cuerpos celestes.

A raíz de lo anterior, observamos que hay normativa al respecto; sin embargo, las limitaciones que presenta el acuerdo anteriormente referido son más que evidentes, ya que únicamente se refieren a la responsabilidad en la que incurren los Estados en este ámbito. No parece lógico que la actuación negligente de una empresa dé lugar a la responsabilidad del Estado en exclusiva. Sin duda, como ya se ha dicho en el presente estudio en más de una ocasión, hay que avanzar en este ámbito.

Si examinamos otros tratados, vemos que es particularmente interesante el Acuerdo que debe regir las actividades de los Estados en la Luna y otros cuerpos celestes del año 1979, puesto que contiene un precepto legal apropiado en la medida en que sugiere la adopción de medidas que tengan por objeto evitar causar un daño al medioambiente. En este sentido, cobra interés conocer el contenido del artículo 7:

> «Al explorar y utilizar la Luna, los Estados Partes tomarán medidas para que no se perturbe el actual equilibrio de su medio, ya por la introducción de modificaciones nocivas en ese medio, ya por su contaminación perjudicial con sustancias ajenas al medio, ya de cualquier otro modo. Los Estados Partes tomarán también medidas para no perjudicar el medio de la Tierra por la introducción de sustancias extraterrestres o de cualquier otro modo».

No obstante, debemos apuntar —de nuevo— que este tratado ha sido escasamente apoyado por los Estados, por lo que los preceptos legales insertados en dicho instrumento apenas tienen repercusión. Así pues, por un lado, debemos indicar que una parte de la regulación en vigor se revela claramente incapaz de hacer frente a los retos que en este marco surgen. Y, por otro lado, se advierte que las normas más contundentes adoptadas en este ámbito no han sido firmemente respaldadas por los países que integran la comunidad internacional. De todo ello, se deduce que estamos ante un marco legislativo muy poco oportuno, máxime si tenemos en cuenta el perjuicio que la actividad espacial está ocasionando en el cielo, así como el impacto que ello está teniendo en nuestro planeta.

Sea como fuere, se está tratando de hacer frente a esta situación por medio de la adopción de estrategias diversas. A estos efectos, cobra interés mencionar la Conferencia auspiciada por la UNOOSA, la Unión Astronómica Internacional (UAI)[246] y el gobierno de España en el año 2021, la cual tenía como propósito arrojar resultados y formular recomendaciones (tanto técnicas como políticas) en torno a la preservación de cielos oscuros y tranquilos (en inglés: *dark and quite skies*). En dicho encuentro se hizo referencia a tres clases de interferencias lumínicas: la luz artificial nocturna (en inglés: *Artificial Lighting at Night*), la emisión de longitudes de onda de radio y las estelas de los satélites de la OTB. En este contexto, cobra interés mencionar también la postura que mantiene la UIT. Debe indicarse que antes de que se celebrará la CMR-2023 se puso de relieve el impacto ambiental que estaban teniendo las nuevas tecnologías y su intención de reducir, entre otras cuestiones, la contaminación lumínica ocasionada por aquéllas[247].

Asimismo, las empresas que se dedican al sector espacial están adoptando medidas destinadas a revertir la contaminación que en este ámbito se da. Así, por ejemplo, cabe mencionar que *Space X* está desarrollando métodos para minimizar la visibilidad de los satélites mediante la manipulación del ángulo de los satélites y la introducción de parasoles[248]. De una manera muy similar, debemos indicar que se están planteando numerosos estudios que inciden en el tipo de estrategias que los operadores sateli-

---

246 Junto a la UAI, existen otras organizaciones que tienen como objetivo reducir la contaminación lumínica a nivel internacional. A estos efectos, deben mencionarse, entre otras, las siguientes organizaciones: *DarkSky International*, *Globe at Night*, Fundación *Starlight* y el Observatorio Europeo Austral. Todo lo cual muestra la preocupación que existe en este ámbito.

247 *Vid.* Apartado: 2.1.3.

248 *Vid.* DUNNE, Sean, *ob. cit.*

tales deben implementar de cara a minimizar la contaminación lumínica que ya hay en el espacio[249]. Vemos, por tanto, que se están implementando e ideando iniciativas que ayudarán a mejorar la situación. No obstante, es preciso ser ambiciosos y no sólo impedir una mayor degradación de nuestro cielo, sino tratar de revertir dicha situación en la medida de lo posible.

3.1.5. Impacto ambiental

Como ya pudimos comprobar en el apartado anterior, la luz que proyectan los satélites lanzados en grupo está impactando de manera negativa en el medioambiente. Más allá de la contaminación lumínica que dichos artefactos generan, debemos tener presente el perjuicio que ocasionan con motivo de su puesta en funcionamiento. Cobra interés señalar el impacto que produce el cohete que se ocupa de trasladar dicha tecnología al espacio, puesto que durante su despegue libera sustancias nocivas[250]. Ello afecta, entre otras cosas, a la composición atmosférica del área en el que se produce el lanzamiento. Además, ciertos elementos del cohete, como las etapas de propulsión que se separan durante el vuelo, no hacen sino aumentar la ya ingente cantidad de basura que hay en el espacio. Asimismo, los cohetes del futuro tal vez contribuyan a que otro tipo de materiales sean depositados en el referido entorno, intensificando con ello el calentamiento global. Al hilo de todas estas consideraciones, la comunidad científica ha solicitado que el espacio orbital situado entre los 80-100 y 36,000 kilómetros de altitud sea considerado como un ecosistema en sí mismo con el objetivo de que así se pueda proporcionar la protección pertinente[251].

Además, del daño estrictamente causado a las franjas orbitales, hay que indicar que ciertos animales utilizan métodos de orientación conforme a los cuales la posición de las estrellas y la Vía Láctea constituye una cuestión vital. En este sentido, hay que poner

---

249 *Vid.* WALKER, Constance, *et al.*, *ob. cit.*

250 *Vid.* BOLEY, Aaron y BYERS, Michael, «Satellite megaconstellations create risks in Low Earth Orbit, the atmosphere and on Earth», *Scientific Reports*, núm. 11, 2021.

251 *Vid.* LAWRANCE, Andy, *et. al.*, «The case for space environmentalism», *Nature Astronomy*, núm. 6, 2022, p. 428-435.

de relieve de manera más concreta que un alto porcentaje de aves realiza migraciones nocturnas, dependiendo en gran medida de las estrellas para realizar con éxito sus desplazamientos. Todavía es pronto para saber si la luz proyectada por los satélites puede entorpecer estos movimientos, si bien todo parece indicar que se ocasionarán daños muy seguramente en este ámbito[252].

En otro orden de ideas, debemos subrayar que los satélites emiten señales de radiofrecuencias que, aunque a niveles bajos, se suman a las provenientes de millones de antenas de telefonía construidas en todo el mundo en las últimas décadas. Este aumento ha contribuido al crecimiento exponencial de la contaminación electromagnética a nivel mundial[253].

Así pues, ante el más que presumible daño que antes o después acabará causándose al medioambiente, la falta de contundencia de la normativa internacional en este ámbito es indudable, tal y como pudimos ver en el apartado anterior. No obstante, debemos subrayar que organismos como la UIT tienen presente este desafío. Así ha quedado reflejado en la CMR-2023. De hecho, el nuevo reglamento adoptado tras la celebración de la citada conferencia incide en la idea de proteger el medio ambiente. Y, a estos efectos, se apoya en la Resolución 182 adoptada en Bucarest en el año 2022, relativa al papel de las telecomunicaciones/TIC en el cambio climático y la protección del medio ambiente. En una línea muy similar, debe traerse a colación la actuación del Comité de Investigaciones Espaciales (COSPAR). Dicho Comité pretende que los actores implicados en el sector espacial exploren y utilicen el entorno sin que ello conlleve una merma a la Tierra. Así las cosas, revisa periódicamente las investigaciones científicas más recientes para adaptar su política de protección planetaria. Sea como fuere, no podemos sino subrayar la ausencia de normas vinculantes en este ámbito. Ello nos lleva a determinar que es preciso adoptar un marco normativo específico que, entre otras cosas, fije las sanciones oportunas ante conductas o actuaciones que conlleven una clara merma del medio ambiente.

---

252 *Ibidem.*

253 *Vid.* LAWRANCE, Andy, *et. al.*, *ob. cit.*

CAPÍTULO 4

SOLUCIONES Y FUTURO DE LAS MEGA-CONSTELACIONES

4.1. Propuestas y consideraciones relevantes de *lege ferenda* a la hora de confrontar y mitigar los desafíos existentes en el espacio

El lanzamiento incesante de mega-constelaciones define la era en la que nos encontramos conforme a la cual la exploración y la utilización del espacio se está realizando por, fundamentalmente, empresas líderes en este campo que apuestan por el despliegue constante de la referida maquinaria en la OTB. A raíz de todo ello, hemos comprobado que los citados enjambres satelitales representan una prometedora evolución, principalmente, en el ámbito de la conectividad global y la exploración espacial. En otras palabras, su capacidad para proporcionar acceso a Internet en áreas remotas y mejorar la cobertura satelital para aplicaciones científicas es innegable. Sin embargo, la necesidad de abordar desafíos normativos no puede ni debe subestimarse. Así, por ejemplo, comprobamos que la congestión orbital, la generación de desechos espaciales o la contaminación lumínica son cuestiones críticas que deben ser abordadas con rigor y premura.

Como ya hemos visto, deben adoptarse acuerdos vinculantes que abarquen y hagan frente a los desafíos que surgen con motivo del lanzamiento y funcionamiento de las mega-constelaciones en la referida franja orbital. Una postura consensuada y compartida en torno a todas estas cuestiones pondría no sólo coto a los retos anteriormente mencionados, sino que fomentaría la transparencia y la consiguiente rendición de cuentas por parte de las entidades dedicadas al lanzamiento de aquéllas. Todo ello debería articularse sobre la idea de que es preciso promover la sostenibilidad del referido entorno espacial a través de un desarrollo tecnológico responsable, seguro y —ante todo— pacífico. Así las cosas, veremos a continuación el modo en el que los desafíos mencionados en el capítulo anterior deben ser afrontados desde el punto de vista de medidas legislativas concretas y de consideraciones esenciales, agrupándose en un mismo apartado retos que presentan cierta similitud entre sí.

4.1.1. Propuestas legislativas y otras consideraciones en torno a la militarización en ascenso del espacio

La utilización militar del espacio ha evolucionado de manera notable en estos últimos años. En este sentido, resultan tremendamente significativas las armas que han ido desarrollándose en estas últimas décadas conforme a las cuales se aprecia la indudable falta de confianza que existe en este ámbito entre, lógica y principalmente, los Estados. En este orden de ideas, debemos traer a colación los ASAT en la medida en que generan una fuerte hostilidad. Así lo puso de manifiesto hace dos años el Departamento de Defensa de Estados Unidos cuando advertía sobre la amenaza que representaba China y Rusia con motivo de su firme implicación a la hora de crear y mejorar armas diseñadas con la intención de destruir satélites. Ello constituye un claro ejemplo de cómo el desarrollo de la tecnología está impactando en el espacio de manera negativa al contribuir, entre otras cosas, a una fuerte militarización del mismo[254]. Sin duda, la hostilidad y la rivalidad no

---

254 Junto a los países mencionados en el cuerpo principal del texto, Estados Unidos ha jugado también un papel clave en el desarrollo de esta clase de tecnología. De hecho, construyó —hace largas décadas— el ASM-135, un arma antisatélite (ASAT por sus siglas en inglés) de energía cinética lanzado desde el aire que destruía satélites sin necesidad de utilizar explosivos. Así pudo evidenciarse en 1985 cuando el presidente Ronald Reagan autorizó la destrucción de un satélite que se encontraba fuera de servicio. *Vid.* BLATT, Talia, «Anti-Satellite Weapons and the Emerging Space Arms Race», *Harvard International Review*, 2020. Consecuentemente, vemos que los ASAT pueden operar a través de la referida energía cinética

ha hecho sino crecer en este marco[255]. Lo anteriormente comentado socava y pone en riesgo las relaciones entre los Estados, además de amenazar la operatividad de los satélites que forman parte de una mega-constelación[256].

Junto a lo expresado en el párrafo anterior, somos conscientes de las carencias que rodean al marco legal existente, el cual fue adoptado —como ya sabemos— en plena Guerra Fría. Así pues, ante la grave situación previamente expuesta y con motivo de las limitaciones legales existentes, parece necesario suscribir un nuevo acuerdo vinculante que ponga coto a la creciente rivalidad que se da entre, especialmente, los Estados que gozan de una fuerte presencia en el ámbito espacial. No obstante, debemos recordar que a raíz de este complejo panorama se acordó, a finales del año 2023, la creación de un grupo de composición abierta que valorará y sugerirá la adopción —¡esperemos!— de medidas legislativas concretas que tendrán por objeto revertir la carrera armamentística en la que el espacio ultraterrestre se encuentra actualmente inmerso. No obstante, hasta que ello suceda, consideramos pertinente reflejar las medidas y principios que están siendo discutidos por la doctrina y que quizá sean tomadas en consideración en ese potencial acuerdo que entendemos debe —ante todo— promover un uso pacífico del entorno espacial.

En todo caso, antes de desgranar aspectos esenciales que deberían cubrirse para revertir la creciente rivalidad que se advierte en el referido entorno, pensamos que es importante que ese potencial acuerdo se ocupe de aclarar qué debe entenderse por espacio exterior con el objetivo de acotar la zona o el espacio físico en el que las leyes espaciales internacionales resultan aplicables. Esta cuestión, como puede intuirse, es un elemento transversal que afecta a todos los instrumentos jurídicos que puedan adoptarse antes o después en este campo. Así las cosas, debemos recordar

---

(KE-ASAT por sus siglas en inglés). Y, en este ámbito, cobran particular relevancia los drones y los misiles balísticos detonados cerca de los citados satélites.

255 Asimismo, existe una fuerte inquietud en torno a la posibilidad de que se produzcan detonaciones nucleares en la atmósfera que generen, *inter alia*, un daño electromagnético *Vid.* DETSCH, Jack, y GRAMER, Robbie, «China and Russia Are Catching Up to U.S. in Space Capabilities, Pentagon Warns», *Foreign Policy*, 2022.

256 *Vid.* DUPONT, Daniel, «Nuclear Explosions in Orbit», *Scientific American*, Vol. 290, núm. 6, 2004, p. 100-107.

que el espacio aéreo de un Estado se corresponde con el territorio sobre el que éste se proyecta de tal manera que más allá de dicha zona podemos ubicar el espacio exterior que, como sabemos, no pertenece a ningún Estado. Esta definición en negativo de lo que no es espacio aéreo es lo que nos lleva a determinar qué es espacio exterior. Sin embargo, podría ser útil aclarar dicha cuestión teniendo en cuenta la cada vez más peligrosa maquinaria que se está empleando y depositando en el espacio orbital más cercano a la Tierra. Esta idea debe combinarse junto a la propuesta plasmada por una buena parte de la comunidad científica conforme a la cual se aboga por crear un espacio orbital protegido[257]. En el caso de que ello prosperara, no hay duda de que la determinación del espacio exterior se torna en una cuestión urgente que debe ser convenientemente delimitada. Frente a ello, hay posiciones contrarias que consideran innecesaria la referida aclaración[258].

Sea como fuere, veamos, a continuación, los aspectos que deberían abarcarse en el caso de celebrar un acuerdo que tenga como propósito principal revertir la hostilidad existente en el citado entorno espacial[259]:

1. Principio de igualdad basado en el uso pacífico del entorno espacial

Es fundamental, como hemos visto en capítulos anteriores, proporcionar una definición rigurosa y clara acerca de lo que debe entenderse por «fines pacíficos» para evitar establecer una relación con, por ejemplo, «actos de no agresión», tal y como ha hecho Estados Unidos[260]. Junto a esta relación —a nuestro juicio no acertada—, hay otro sector doctrinal que ha abogado

---

257 *Vid.* Nota 251.

258 *Vid.* FERREIRA-SNYMAN, Anél, «Selected Legal Challenges relating to the Military Use of Outer Space with Specific Reference to Article IV of the Outer Space Treaty», *PER/PELJ*, núm. 3, 2015, p. 488-529.

259 Nuestra intención no es proporcionar un listado exhaustivo de las cuestiones que deberían incluirse en el futuro tratado que pueda llegar a adoptarse a corto o medio plazo. El objetivo es mencionar los aspectos más esenciales que deberían incorporarse/considerarse.

260 *Vid.* GRUNERT, Jeremy, «The Peaceful Use of Outer Space?», *Texas National Security Review*, 2021.

por establecer una acepción que haga hincapié en un uso «no militar»[261]. Esta última propuesta ha sido refutada a su vez por otros autores cuando constatan que, desde hace décadas, algunos Estados llevan desplegando una tecnología militar sin precedentes en el espacio, sin que ello haya dado pie a proclamar que el Tratado de 1967 ha sido vulnerado[262]. Así pues, todo parece indicar que el poco concluso artículo IV del referido instrumento no ha obstaculizado el avance ni la consiguiente utilización de la tecnología militar en el espacio porque quizá no fuera esa siquiera su intención. De hecho, el comentado acuerdo dispone que «no se prohíbe la utilización de personal militar para investigaciones científicas ni para cualquier otro objetivo pacífico», permitiéndose a las autoridades militares realizar las actuaciones oportunas sin que ello implique un incumplimiento de lo estipulado en la citada norma[263]. En cualquier caso, es preciso acotar al máximo esta definición ante el avance incesante e imparable de las nuevas tecnologías, puesto que son muchas las dudas que esta expresión genera; se trata, en definitiva, de aclarar qué se puede y no se puede hacer en el comentado entorno espacial.

De hecho, la idea de delimitar la implicación que tiene la comentada expresión se está tornando en una cuestión vital a raíz del modo en el que se están utilizando los satélites en conflictos armados actuales[264]. En este punto, nos surge la siguiente cuestión: ¿qué implicaciones se advierten cuando los citados artefactos en un determinado contexto bélico son empleados para, por ejemplo, procurar servicios de navegación o mapeo? Esta duda nos lleva a plantearnos si ello podría suponer una vulneración del artículo IV del Tratado de 1967. Llegados a este punto, pueden darse situaciones de diversa índole que nos pueden generar similares interrogantes de difícil solución[265]. Por lo tanto, no hay

---

261 *Vid.* MARKOFF, Marko, *ob. cit.*

262 *Vid.* BOURBONNIÈRE, Michel y LEE, Ricky, «Legality of the Deployment of Conventional Weapons in Earth Orbit», *EJIL*, núm. 18, 2007, p. 873-901.

263 *Vid.* FERREIRA-SNYMAN, Anél, *ob. cit.*

264 Existe, en todo caso, la posibilidad de recurrir al principio de buena fe cuando se quiere interpretar cuestiones que no están claras en un tratado. *Vid.* BOURBONNIÈRE, Michel y LEE, Ricky, *ob. cit.*

265 Los conflictos con satélites pueden manifestarse en el espacio a través de diversos escenarios. Así, por ejemplo, el despliegue de ASAT o la generación de interferencias electrónicas con el objetivo de manipular las comunicaciones genera la

duda de que es preciso determinar lo que exactamente implica la comentada expresión. Y, en este contexto, tiene interés examinar la propuesta hecha por Friman cuando descarta que la comentada expresión no debe implicar «no agresión» ni tampoco «un uso no militar»:

> «(…) reconciling definition of the term "peaceful purposes" that precludes not merely aggression but any military purpose that would endanger the perpetual and peaceful "province of all mankind", and thereby decimate the international legal regime in outer space. Accordingly, any military purpose that would run counter to the fundamental legally binding obligations set forth in the Outer Space Treaty would fall under the prohibition on non-peaceful purposes in outer space»[266].

Consecuentemente, los usos lícitos no militares del espacio serán actos realizados de conformidad con la finalidad pacífica exigida por el Acuerdo de 1967. Y, al mismo tiempo, el uso militar de una determinada máquina en el espacio solo será considerado como una cuestión pacífica si cumple con los criterios establecidos por los tratados[267]. Y, a estos efectos, la citada autora enumera los usos militares que podrían considerarse válidos[268]. En todo caso, para que esta interpretación prospere es necesario

---

duda de si conlleva o no una vulneración de la regulación internacional. También podemos pensar en otras situaciones complejas como los ciberataques dirigidos a sistemas satelitales, el secuestro físico de dichos aparatos o la denegación intencional de servicios. Estos desafíos subrayan la necesidad de establecer normas internacionales que regulen las actividades espaciales para, entre otras cuestiones, prevenir acciones que puedan provocar tensiones, así como conflictos no deseados en el espacio.

266 Cfr. Friman, Johanna, «War and Peace in Outer Space: A Review of the Legality of the Weaponization of Outer Space in the Light of the Prohibition on Non-Peaceful Purposes», Finnish Yearbook of International Law, Vol. XVI, 2008, p. 285-312.

267 Vid. Ferreira-Snyman, Anél, ob. cit.

268 Así las cosas, Friman subraya las siguientes condiciones: «1) are for the benefit and in the common interest of all mankind (Article I of the Outer Space Treaty); 2) do not restrict the freedom of exploration and use of outer space by all states (Article I of the Outer Space Treaty); 3) are compatible with international law, including the UN Charter (Article III of the Outer Space Treaty); 4) serve the maintenance of international peace and security (Article III of the Outer Space Treaty); 5) promote international cooperation and understanding (Article III of the Outer Space Treaty); 6) do not inequitably exploit outer space, but have due regard for the corresponding interests of other states (Article IX of the Outer Space Treaty); and 7) do not subject outer void space or the celestial bodies to national appropriation (Article II of the Outer Space Treaty)». Cfr. Friman, Johanna, ob. cit.

procurar los cambios normativos pertinentes que conduzcan a la misma[269].

Dada la realidad innegable en la que nos encontramos conforme a la cual la tecnología espacial está más presente que nunca, parece que la propuesta anterior podría ser una opción más que aceptable que nos ayudaría a determinar qué acciones podrían calificarse como pacíficas y no pacíficas. Además, ello puede ser la excusa perfecta para que la comunidad internacional aborde las amenazas emergentes relacionadas con las interferencias cibernéticas, armas antisatélite, etc. Todo con el ánimo de fortalecer la protección y la sostenibilidad de los activos espaciales en un entorno cada vez más complejo. Dicho lo anterior, a continuación, veremos otra cuestión que se encuentra estrechamente relacionada con lo que aquí acabamos de abordar.

2. Referencia necesaria a las armas convencionales

El Tratado de 1967 se refiere únicamente a la imposibilidad de desplegar armas nucleares en cuerpos celestes[270]. Consecuentemente, el futuro tratado que vaya a adoptarse deberá necesariamente englobar y regular la utilización de armas convencionales en el espacio exterior. Evidentemente, el enfoque de esta cuestión dependerá en gran medida de la postura que adopte el acuerdo en torno a lo que previamente considere como actuaciones compatibles con una finalidad pacífica. En todo caso, independientemente del significado que se le dé a esta expresión, es fundamental mencionar este tipo de armas y determinar qué impacto tienen cuando son utilizadas en el espacio exterior[271].

---

269 *Ibidem.*

270 De acuerdo con lo expuesto en el cuerpo principal del texto, traemos a colación la siguiente afirmación: «what is absent from Article IV and the other provisions of the Outer Space Treaty is any specifi c provision on the deployment of conventional weapons, being weapons that would not be classifi ed as nuclear weapons or weapons of mass destruction, in orbit around the Earth that may be directed against targets in orbit, on the surface of the Earth or other celestial bodies». *Cfr.* BOURBONNIÈRE, Michel y LEE, Ricky, *ob. cit.*

271 *Vid.* BOURBONNIÈRE, Michel y LEE, Ricky, *ob. cit.* Junto a lo expuesto, entendemos que también sería apropiado establecer límites con respecto a las pruebas nucleares dados los efectos negativos que traen consigo. *Vid.* YONGLIANG, Yan, *ob. cit.* Debido a las omisiones que se dan en este marco en torno a las armas convencio-

En vista de lo anterior, es fácil concluir que los acuerdos adoptados en este marco no han sido particularmente exhaustivos a la hora de promover una utilización y exploración pacífica del espacio. Las limitaciones son más que evidentes. De hecho, hay quien afirma que, frente a la prohibición anteriormente indicada en el Tratado de 1967 relativa a la utilización de armas nucleares, las demás actuaciones no constituyen una vulneración de los preceptos legales en vigor[272]. Esta aseveración nos lleva a lo que dispuso en su momento la Corte Permanente de Justicia Internacional en el célebre *asunto Lotus* conforme al cual dictaminó que lo que no estaba prohibido por el derecho internacional estaba permitido[273]. Sin duda, esta falta de contundencia de los preceptos legales actuales ha «dado alas» a los Estados implicados en el desarrollo y avance del sector espacial.

En línea con lo expuesto en el párrafo previo, debemos resaltar que el artículo 2.4 de la Carta de la ONU no impide la actividad militar *per se*. En definitiva, en virtud del mencionado precepto legal parece que no hay inconveniente alguno en afirmar que las operaciones militares no conllevan la realización de un acto de agresión; siendo éstas, por tanto, perfectamente válidas[274]. Sin embargo, hay que tener presente las circunstancias que concurren cuando aquéllas se desarrollan en el espacio exterior en la medida en que se trata de un entorno peculiar que nos puede llevar a asimilarlo a otro espacio singular como es, sin duda, la

---

nales y a la falta de una definición clara con respecto a la expresión comentada en el apartado anterior, observamos que los Estados realizan todo tipo de actuaciones en el espacio, siempre que no constituyan un acto de agresión. Así lo confirma Azcárate Ortega cuando expone lo siguiente: «the Outer Space Treaty and the rest of the applicable space law establish few limitations on activities in outer space, leaving states essentially free to develop any defensive and offensive military capabilities they deem necessary to protect their national security interests in space». *Vid.* AzcárATE ORTEGA, Almudena, *ob. cit.*

272   *Vid.* FERREIRA-SNYMAN, Anél, *ob. cit.*

273   Nos estamos refiriendo a la sentencia emitida el 7 de septiembre de 1927 por el órgano judicial citado en el cuerpo principal del texto. El asunto versó sobre la colisión que se produjo en alta mar entre dos barcos, uno francés y otro turco, a raíz del cual se hundió el último buque mencionado, pereciendo ocho de sus tripulantes. El barco francés prosiguió su ruta y llegó a Estambul. Allí las autoridades turcas enjuiciaron al capitán del buque francés por homicidio.

274   *Vid.* BOURBONNIÈRE, Michel y LEE, Ricky, *ob. cit.*

alta mar[275]. En este orden de ideas, debemos indicar que el régimen supralegal aplicable al espacio marino ha promovido unas relaciones relativamente pacíficas y estables durante largas décadas; todo lo cual puede ser objeto de «inspiración». No obstante, los paralelismos que puedan establecerse entre este ámbito y el espacial no son, ni mucho menos, totales[276].

Así pues, dada la intensa actividad espacial que estamos viviendo, algunos autores consideran necesario propiciar la creación de un cuerpo normativo en este ámbito que incluya normas de *ius in bello*[277]. Desde luego, a nuestro modo de ver, tiene sentido que la comunidad internacional desarrolle leyes en el ámbito del derecho internacional humanitario que sean aplicables al espacio. En definitiva, aunque puedan tomarse como referencia el contenido de la Carta de las Naciones Unidas, así como los Convenios de Ginebra, parece apropiado —dado el contexto espacial actual— promover normativa que dé lugar a una *lex specialis* que abarque los desafíos que en este ámbito surgen, especialmente cuando constatamos el alto grado de militarización en el que se encuentra el citado entorno con la llegada de las nuevas y últimas tecnologías[278].

Vemos, por tanto, que el comentado vacío normativo da pie no sólo a interpretaciones divergentes, sino que intensifica todavía más la rivalidad que existe entre los Estados que desarrollan actividades en el espacio. Un nuevo tratado que aborde esta omisión protegerá en mejor medida el entorno comentado al tratar de prevenir, limitar y/o regular la proliferación de armas convencionales en el espacio.

---

275 Así se puso de relieve en Ginebra en el año 2022 por el Instituto de la ONU de Investigación sobre el Desarme (UNIDIR por sus siglas en inglés).

276 *Vid*. Van Loon, Fabio, «Codifying Jus in Bello Spatialis—The Space Law of Tomorrow», *Strategic Studies Quarterly*, Vol. 15, 2021, p. 10-27.

277 *Ibidem*.

278 En este contexto, cobran importancia las ASAT, los satélites de reconocimiento avanzado, los sistemas de navegación precisos, las tecnologías de camuflaje espacial, etc.

3. Referencia a actores privados

¿Debería un futuro tratado focalizar parte de su atención en la actuación del sector privado con el objetivo de incidir en la idea de que debe respetar lo acordado por la regulación internacional en relación con el uso de la fuerza? *Prima facie*, ello podría resultar una cuestión innecesaria e incluso redundante, puesto que la normativa supranacional es clara en el sentido de que no admite la utilización de aquélla en términos generales. Así, cobra interés la siguiente afirmación: «should non-state actors ever place conventional weapons in earth orbit, the use of such weapons during an international armed conflict would be legally questionable, subject to the norms concerning the direct participation in hostilities by civilians and mercenaries»[279].

Es más, resulta de interés recalcar que son los Estados los que deben garantizar que las actividades de las personas físicas y jurídicas vinculadas por medio del elemento de la nacionalidad actúen de conformidad con lo estipulado por el derecho internacional[280]. Así pues, cabría pensar que no es necesario añadir nada más al respecto. No obstante, se está comprobando cómo en conflictos actuales las compañías se están involucrando *de facto* en la realización de actividades militares en el espacio. Nos estamos refiriendo, por ejemplo, al despliegue de satélites en la OTB por parte de algunas empresas que están llevando acciones que recaen en el ámbito militar más que en el puramente civil. Así lo estamos viendo en el conflicto actual surgido con motivo de la invasión rusa en Ucrania en el año 2022 que, *inter alia*, está proporcionando una visión muy tenebrosa acerca de cómo se desarrollará la guerra del futuro en la medida en que dicho conflicto bélico está teniendo lugar en remoto gracias a la utilización de los comentados artefactos. Todo lo cual tendrá —a buen seguro— un fuerte impacto en los enfrentamientos armados que tengan lugar con posterioridad.

En definitiva, los países citados están recurriendo a la tecnología desarrollada por las empresas privadas que crean y lanzan satélites con el ánimo de acceder, entre otras cosas, a imágenes

---

279 *Cfr* Bourbonnière, Michel y Lee, Ricky, *ob. cit.*

280 *Ibidem.*

avanzadas y de alta resolución[281]. En este orden de ideas, debemos recordar —como ya quedó dicho en el apartado anterior— que la normativa internacional actual no prohíbe explícitamente el despliegue de satélites con fines militares o el uso del espacio para propósitos de seguridad nacional. No obstante, cabe plantearse la siguiente cuestión: ¿tiene sentido que sean los Estados de la nacionalidad de las personas jurídicas que han lanzado los satélites con una finalidad dudosa o, directamente, contraria al artículo 2.4 de la Carta de la ONU los que se erijan como únicos responsables? Parece que la normativa supranacional no afronta con diligencia este tipo de situaciones que se están dando con tanta frecuencia —lamentablemente— en la actualidad. Un cambio de aproximación en la normativa que vaya a adoptarse ante esta casuística tan particular podría ser interesante de cara a evitar una mayor militarización del comentado entorno espacial.

Al hilo de lo comentado, resulta destacable la decisión tomada por Elon Musk hace dos años consistente en cerrar el acceso a su red de satélites para evitar que Ucrania atacara la flota naval rusa, argumentando que ello tendría un profundo impacto en el desarrollo de la guerra. Vemos, por tanto, que las empresas privadas son capaces de jugar un papel esencial en este ámbito[282]. Y, por supuesto, de manera más específica, comprobamos la importancia que pueden llegar a tener los satélites desplegados en la OTB cuando su actuación va más allá del ámbito civil[283].

Es, pues, vital abordar de manera expresa las cuestiones que están siendo aquí tratadas en un futuro tratado, pese a la dificultad que aquí subyace en torno a la idea de que las personas jurí-

---

281 Ello ha dado pie a considerar que la guerra citada en el cuerpo principal del texto se erige como la primera guerra comercial. *Vid.* ERWIN, Sandra, «On National Security | Drawing lessons from the first "commercial space war"», *Space News*, 2022.

282 Así las cosas, debemos tener presente que las mega-constelaciones en la OTB pueden beneficiar a una o ambas partes de un conflicto, erigiéndose como una herramienta fundamental que puede determinar el curso del conflicto de tal manera que es preciso que la comunidad internacional actúe y adopte las normas jurídicas pertinentes. *Vid.* XIYAO, Li y YONGMIN, Bian, «The Legality and Compliance of Low-Orbit Mega constellations as Military Targets», *Advances in Astronautics Science and Technology*, núm. 6, 2023, p. 19-22.

283 *Vid.* CHABERT, Valentina, «The Ourter-Space Dimension of the Ukraine Conflict: Toward a New Paradigm for Orbits as a War Domain», *Journal of International Affairs*, Vol. 75, núm. 2, 2023, p. 145-156.

dicas no son sujetos de derecho internacional. Este es, sin duda, un escollo que puede dificultar los avances que en este sentido se puedan producir[284]. Todo ello, en cualquier caso, deberá ser valorado dependiendo de qué se determine por «fines pacíficos» y supeditado también a qué armas convencionales podrían llegar a considerarse en determinadas circunstancias como no válidas. Así las cosas, llegamos a la conclusión de que el acuerdo que vaya a adoptarse en este marco tiene que ser lo más prolijo posible y no dejar resquicio alguno que pueda ser utilizado de manera perversa por parte de los actores y sujetos implicados.

4. Promover el cumplimiento normativo y el desarme del espacio exterior sobre la base de la colaboración y la cooperación en el espacio exterior

Sería de sumo interés crear o determinar el órgano capaz de supervisar y garantizar el cumplimiento de la normativa internacional que pueda llegar a adoptarse. Ello, sin duda, contribuiría a establecer un marco legislativo sólido y efectivo. Junto a lo anterior, sería adecuado establecer mecanismos detallados que permitiesen verificar de manera regular y sistemática que las partes involucradas están cumpliendo con los términos acordados. Ello no sólo sería fundamental de cara a cotejar la correcta actuación de los actores que despliegan sus actuaciones en el espacio, sino que también podría ser una cuestión esencial a la hora de resolver conflictos, promoviendo la idea de estabilidad y colaboración en el espacio.

Asimismo, sería oportuno adoptar medidas específicas que estén relacionadas con el desarme del espacio. En definitiva, deberían adoptarse estrategias detalladas que destaquen o hagan hincapié en un proceso gradual de desarme. Estas iniciativas podrían incluir cronogramas específicos que incidan en la retirada progresiva de tecnología militar presente en el espacio, junto con protocolos que tengan como propósito desactivar de manera segura equipos y satélites al final de su vida útil. La implementación exitosa de tales medidas requeriría una cooperación inter-

---

284 *Vid.* HELLMAN, Jacqueline, *ob. cit.*

nacional sólida entre Estados y empresas privadas. Además, este desarme debería hacerse de manera equitativa y efectiva, minimizando los riesgos asociados con la presencia de tecnología militar en el espacio[285]. Todo ello, sin duda, afectaría positivamente al marco espacial actualmente sumido en una profunda polémica, así como en una fuerte hostilidad y rivalidad entre los Estados y las empresas focalizadas en el comentado sector.

4.1.2. Propuestas legislativas y otras consideraciones destinadas a aliviar la congestión del tráfico espacial y minimizar la basura espacial

Como ya ha quedado reflejado a lo largo del presente estudio, debemos indicar que la basura espacial ha aumentado de manera considerable en estos años debido, en gran medida, a la intensa actividad espacial que ha traído consigo el siglo XXI. Al margen de que hay efectivamente otros factores importantes que han contribuido a generar una cantidad significativa de residuos en el espacio, la cuestión fundamental que debemos reflejar en este punto es que dicha situación está poniendo en peligro la seguridad de las misiones espaciales, así como la sostenibilidad a largo plazo del propio entorno. En definitiva, la multitud de objetos operativos y no operativos, en fundamentalmente la OTB, está multiplicando las posibilidades de colisión entre artefactos, intensificando y agudizando —a su vez— el tráfico a tal extremo que los expertos no pueden sino denunciar el alto grado de saturación en el que se encuentran las franjas orbitales ubicadas cerca de la Tierra. Esta situación tan delicada es fruto, principalmente, del lanzamiento constante de nuevos satélites y del despliegue continuo de misiones espaciales. Evidentemente, en este contexto tan particular, cobran especial protagonismo las mega-constelaciones que no hacen sino exacerbar tanto la presencia de residuos como congestionar aún más la ya «abotargada» OTB.

---

285 La importancia de esta cuestión es tal que algunos autores proponen la existencia de un cuerpo normativo específico en este ámbito. *Vid.* CASEY-MASLEN, Stuart y VESTNER, Tobias, «Trends in Global Disarmament Treaties», *Journal of Conflict and Security Law*, Vol. 25, 2020, p. 449-471.

En el capítulo anterior, vimos —muy por encima— que la comunidad espacial está trabajando en la adopción e implementación de estrategias que abogan por, fundamentalmente, recuperar la basura espacial existente y, por supuesto, prevenir la generación adicional de desechos en el espacio. Por lo tanto, las nuevas tecnologías están jugando un papel esencial en la medida en que promueven la creación de diseños más eficientes (y, por ende, con menos posibilidades de generar residuos), así como artefactos diseñados exclusivamente para recuperar los que no se encuentran activos; una cuestión que hoy constituye un objetivo meramente incipiente. En este contexto, cobran interés los mecanismos ideados para capturar y retornar maquinaria mediante brazos robóticos o redes, así como los satélites lanzados con el propósito de desorbitar objetos inactivos[286].

Así pues, mitigar la basura espacial que se pueda generar en el futuro y recuperar la ya existente constituye una preocupación real que se está traduciendo en acciones concretas. De este modo, se reducen las posibilidades de que se produzcan accidentes, proporcionando una mayor seguridad en el tráfico espacial. Con respecto a esto último, entendemos que es también necesario implementar medidas que redunden en —inter alia— una atribución más eficiente del comentado recurso órbita-espectro para, como hemos dicho, procurar un mayor grado de seguridad de los activos espaciales, garantizando al mismo tiempo la sostenibilidad a largo plazo de las operaciones que se desarrollan en el comentado entorno.

Junto con las medidas técnicas que se están implementando, entendemos que es esencial adoptar la normativa internacional correspondiente que haga hincapié en las cuestiones que acabamos de mencionar. Veamos, por tanto, a continuación, qué aspectos esenciales debe incorporar la futura regulación supranacional que verdaderamente tenga por objeto combatir con eficacia y firmeza los desafíos a los que se refiere el presente apartado.

---

286 Al hilo de lo expuesto cabe decir que las velas solares o los aerogeneradores espaciales, así como las futuras estaciones de reciclaje espacial se erigirán —a buen seguro— como soluciones de gran utilidad que ayudarán en las tareas dirigidas a retirar la basura espacial. Junto a ello, se están incorporando sistemas de propulsión en los satélites, los cuales tienen por objeto modificar rutas orbitales y evitar colisiones.

1. Definición de basura espacial

Hay, como ya fue indicado en capítulo previos, una carencia esencial en este ámbito que hace referencia al silencio que existe en la normativa internacional en torno a qué debe entenderse por basura espacial. Ante esta realidad, debemos determinar previamente qué es un objeto espacial para, posteriormente, aclarar qué podría constituir un residuo en este ámbito. Así pues, debemos volver a traer a colación el artículo I del Convenio sobre la responsabilidad internacional por daños causados por objetos espaciales en la medida en que determina —como ya sabemos— lo que constituye un artefacto espacial. A estos efectos, señala que recibirán tal denominación las partes componentes de un objeto espacial, así como el vehículo propulsor y sus partes. A raíz de esta escueta acepción, no sabemos con certeza si el mencionado concepto incluye o no las partes inactivas, disfuncionales o desintegradas de estos artefactos. Es más, no hay claridad acerca de si la basura espacial queda verdaderamente cubierta por el mencionado instrumento. No obstante, a favor de la comentada herramienta jurídica hay que decir que en el momento en el que fue adoptada, los desechos espaciales que se encontraban en órbita eran menos abundantes y, por lo tanto, no constituían una prioridad para el conjunto de la comunidad internacional. Así las cosas, parece lógico que dicho Convenio focalizara su atención en los daños que los artefactos espaciales pudieran causar en el caso de que impactaran en la Tierra[287].

En cualquier caso, pese a las carencias normativas que se advierten en el plano internacional, la COPUOS proporcionó en el año 1999 una definición precisa y concreta de qué debe considerarse basura espacial:

> «space debris are all man- made objects, including their fragments and parts, whether their owners can be identified or not, in Earth orbit or re-entering the dense layers of the atmosphere that are non-functional with no reasonable expectation of their being able to assume or resume their intended functions or any other functions for which they are or can be authorized».

---

287 *Vid.* KAINEG, Sophie, «The Growing Problem of Space Debris», *Hastings Environmental Law Journal,* Vol. 26, núm. 2, 2020, p. 277-288.

Evidentemente, junto a ello hay que a traer a colación una vez más las Directrices para la reducción de desechos espaciales conforme a las cuales se proporciona una definición adecuada: «(...) [se considera basura espacial todos los] objetos artificiales, incluidos sus fragmentos y los elementos de esos fragmentos, que están en órbita terrestre o que reingresan a la atmósfera y que no son funcionales». En una línea muy similar, la ESA indica lo siguiente: «all non-functional, human-made objects, including no longer functioning spacecraft or fragments of them, in orbit or reentering Earth's atmosphere»[288]. Asimismo, la NASA ha proporcionado una definición muy parecida: «orbital debris is any human-made object in orbit about the Earth that no longer serves a useful function»[289]. Hay, por tanto, cierta unanimidad a la hora de determinar qué constituye basura espacial. Así pues, el paso siguiente es incorporar una definición igual o similar en el tratado que vaya a adoptarse en un futuro para combatir con firmeza este peculiar y complejo desafío; y ello, sin duda, pasa por proporcionar definiciones claras con respecto a conceptos que son sumamente importantes en este ámbito.

2. Distinguir entre la responsabilidad del Estado de lanzamiento y el Estado de registro

El comentado Convenio de 1972 se refiere a la responsabilidad que tiene el Estado de lanzamiento de un artefacto espacial cuando éste causa un daño en la superficie de la Tierra o en otras aeronaves que se encuentran en vuelo. En este contexto, el comentado acuerdo ofrece en el párrafo c del artículo I una definición amplia conforme a la cual se determina que el Estado de lanzamiento será el que se encargue de lanzar o promover el lanzamiento de un objeto espacial. Recibirá también dicha denominación aquel país que ponga a disposición su territorio o sus instalaciones para lanzar un objeto espacial. Si hubiera varios Estados involucrados, éstos responderán de manera solidaria ante el perjuicio causado.

---

288 Información disponible en el siguiente enlace:
    https://vision.esa.int/esas-zero-debris-approach/#:~:text=Space%20debris%20
    is%20defined%20as,orbit%20or%20reentering%20Earth%27s%20atmosphere

289 Información disponible en el siguiente enlace:
    https://earthobservatory.nasa.gov/images/40173/space-debris

A la luz de lo anterior, parece que es factible acordar o determinar la responsabilidad de varios Estados. No obstante, las opciones se limitan drásticamente cuando constatamos que el Convenio sobre el registro de objetos lanzados al espacio ultraterrestre asimila —en el artículo I— el Estado de registro con el Estado de lanzamiento. Consecuentemente, la posible responsabilidad que pueda surgir en este ámbito parece pivotar casi en exclusiva sobre el país en cuyo marco territorial el objeto espacial es lanzado. A raíz de todo ello, BLOUNT afirma que es esencial diferenciar entre el Estado que registra la nave sobre la cual posee jurisdicción[290] y el Estado que la lanza en la medida en que este último no dispone de la misma (salvo que medie un acuerdo entre las partes), aunque sí es —paradójicamente— responsable de los daños que ocasione en el espacio la referida nave[291]. En definitiva, el acto de registrar no se encuentra vinculado a la posible responsabilidad que en un momento dado se pueda establecer. En vista de todo ello, comprobamos que es preciso realizar los cambios normativos pertinentes que permitan establecer la debida responsabilidad de unos y de otros en función de las circunstancias particulares del caso. Se trata, en definitiva, de abarcar en preceptos legales situaciones que se están dando en la realidad; una realidad en la que —como ya hemos visto— son muchos y muy diversos los sujetos y actores que se implican en el ámbito espacial. De tal manera, que no tiene sentido hacer recaer la responsabilidad pertinente únicamente en el sujeto que se ocupa de lanzar el artefacto de turno.

Además, focalizándonos en el objeto del presente estudio, comprobamos que el lanzamiento de mega-constelaciones se está llevando a cabo por empresas privadas; sin embargo, de acuerdo con la normativa en vigor, esta situación no se contempla. Sin duda, es necesario promover las enmiendas legislativas pertinentes que reflejen la realidad actual conforme a la cual se clarifique y se distribuya de manera conveniente la responsabilidad que pueden lle-

---

290 El artículo VIII del Tratado de 1967 indica que los Estados «(...) en cuyo registro figura el objeto lanzado al espacio ultraterrestre, retendrá su jurisdicción y control sobre tal objeto, así como sobre todo el personal que vaya en él, mientras se encuentre en el espacio ultraterrestre o en un cuerpo celeste».

291 *Vid*. BLOUNT, P. J., «Jurisdiction in outer space: challenges of privates individuals in space», *Journal of Space Law,* Vol. 33, 2007, p. 299-340.

gar a tener los Estados y las entidades privadas que se están involucrando hoy en el lanzamiento de mega-constelaciones.

Hay, en todo caso, autores que apuntan que esta falta de solidez del marco internacional puede suplirse con la aplicación de la regulación doméstica, trasladando los Estados su responsabilidad a las empresas pertinentes. Así ha procedido Estados Unidos. En todo caso, esta solución no es ni mucho menos perfecta, tal y como se apunta a continuación: «most countries still lack the capacity for a vigorous space program and thus, have not expended time and resources to construct a regulatory regime. Yet this opens the door to venue shopping. A space-faring company can move quite easily, more easily, in fact, than many of the multinational»[292]. Vemos, por tanto, que es preciso adoptar los mencionados cambios, aunque ello traiga consigo una fuerte controversia[293].

3. Adjudicación eficiente y equitativa del recurso órbita-espectro

Establecer normas claras que promuevan una adjudicación eficiente y equitativa del recurso órbita-espectro se ha convertido en una cuestión clave objeto de importantes reuniones celebradas en el seno de la UIT conforme a las cuales se pretende incentivar la adopción de esta clase de regulación en un futuro próximo[294]. Ello sería, a nuestro modo de ver, algo positivo que redundaría en la creación de un entorno espacial seguro muy diferente al

---

292 *Cfr.* YUAN, Alda, «Filling the Vacuum: Adapting International Space Law to Meet the Pressures Created by Private Space Enterprises», *Denv. J. Int'l L. & Pol'y*, Vol. 49, 2021, p. 27-55.

293 Un obstáculo principal sería, sin duda, que las empresas no son —como ya hemos dicho en más de una ocasión— sujetos del derecho internacional. Sin embargo, es posible que cambios decisivos tengan lugar en este ámbito, tal y como se expone a continuación: «the expansion of international law to include private actors is necessary in many fields of international law but is especially pressing in the law of outer space where attachment to state-mediated regulation in the face of proliferating non-state actors risks an existential threat to the accessibility of space». *Ibidem.*

294 La información vertida en el cuerpo principal del texto puede ser cotejada en el enlace que figura a continuación: https://www.itu.int/hub/2024/01/wef-2024-itu-secretary-general-outlines-an-inclusive-digital-future/

actual, el cual se caracteriza por ser altamente confuso/caótico al existir —entre otras cosas— criterios y autoridades que se solapan entre sí y que, por tanto, no promueven en este momento un contexto único ni uniforme. De hecho, producto de esta situación se comprende, en parte, el motivo por el que surgen los desafíos que existen hoy en el entorno espacial[295], si bien es cierto que el organismo mencionado lleva desempeñando desde hace largos años un papel crucial a la hora de tratar de coordinar y armonizar el uso del espectro en todo el mundo para evitar interferencias perjudiciales entre servicios y países.

Sea como fuere, llegamos a la conclusión de que una asignación de los citados recursos en los términos referidos al comienzo del presente apartado evitaría una mayor congestión de la referida franja orbital, reduciendo al mismo tiempo el riesgo de colisiones. Además, conllevaría una gestión ordenada y predecible del entorno espacial que se materializaría, a su vez, en un mayor control de las interferencias que a menudo causan los satélites, así como en una mejor monitorización de los objetos y residuos espaciales. Junto a lo expuesto, debemos reflejar en este punto que la introducción de criterios claros en este ámbito ayudaría a fijar las responsabilidades pertinentes en el caso de que, por ejemplo, un operador satelital genere un determinado perjuicio[296].

En este orden de ideas, consideramos que la UIT tiene la capacidad de desarrollar un rol clave, máxime si consideramos que la asignación de estos recursos pivota actualmente sobre la siguiente premisa: «primero en llegar, primero en ser atendido». Así pues, el procedimiento existente no confiere un registro legal

---

295 De acuerdo con lo expuesto, llegamos a la conclusión de que la gestión de los citados recursos enfrenta desafíos importantes como la congestión que existe en las frecuencias. Asimismo, la falta de coordinación internacional es susceptible de causar interferencias transfronterizas, afectando la calidad de los servicios que prestan —entre otros— los satélites. Además, la rápida evolución de nuevas tecnologías plantea serios desafíos en la planificación y asignación del espectro que requieren ser abordados de inmediato. Es evidente que todos estos retos exigen esfuerzos regulatorios continuos y una coordinación global sólida que garantice un uso eficiente del espectro electromagnético.

296 *Vid.* KERREST, Armel, «The concept of the «launching State» in commercial launch ventures», en WOUTERS, Jan, DE MAN, Philip, HANSEN, Rik (eds.), *Commercial Uses of Space and Space Tourism*, Ed. Elgar online, 2017, p. 3-18.

del espacio orbital, sino un espacio nominal[297]. Dicho lo cual, una vez que se presenta la solicitud correspondiente y se obtiene la autorización oportuna, el uso de las frecuencias es debidamente reconocido a nivel internacional. No sólo eso. Es preciso indicar que este registro condicionará el uso de aquéllas por los siguientes operadores. Todo lo cual lleva a algunos autores a proclamar que esta práctica conduce a una apropiación *de facto* de los recursos espaciales, otorgando legitimidad y tratamiento preferencial a los registrantes tempranos[298].

En vista de lo anterior, no hay duda de que la UIT debe adoptar normas claras que hagan hincapié en un uso eficiente y equitativo de aquéllos, siendo consciente de que los satélites pueden compartirlos[299]. A su vez, debe tener muy presente los avances tecnológicos que se están dando y favorecer la revisión periódica de las asignaciones concedidas. Junto a ello entendemos que sería interesante que dicho organismo asumiera un papel activo en la resolución de disputas y en los conflictos relacionados con la asignación del espectro, brindando un marco legal y técnico que incida en la gestión sostenible del tráfico espacial.

Sin embargo, materializar todas estas cuestiones en medidas concretas es una tarea harto compleja que, además, puede generar muchas dudas en el camino. Así, por ejemplo, nos planteamos lo siguiente: ¿es justo que un Estado tenga acceso a dichos recursos cuando no los necesita? ¿Sería contrario al concepto de justicia y equidad equiparar las necesidades de países pequeños con las de naciones de gran tamaño[300]? Estas y otras cuestiones deben valorarse por la UIT con extremo cuidado para verdaderamente procurar un marco legal sólido. De hecho, se harán —tal

---

297 *Vid*. EXARCHOU, Georgia, «Allocation of the radio-frequency spectrum and satellite orbits: Jurisprudential Perspectives», *AEL*, núm. 3, 2023, p. 1-17.

298 *Ibidem.*

299 En este sentido, se proponen por parte de los expertos medidas consistentes en abogar por la detección y predicción del espectro, así como en el establecimiento de un marco jerárquico compartido del espectro satelital y terrestre basado en una unidad de gestión. Asimismo, se sugiere un esquema inteligente de la gestión de todos estos recursos. *Vid*. JIA, Min, *et al*., «Intelligent Resource Management for Satellite and Terrestrial Spectrum Shared Networking toward B5G», *IEEE*, Vol. 27, 2020, p. 54-61.

300 *Vid*. EXARCHOU, Georgia, *ob. cit.*

y como se ha acordado en la conferencia mantenida a finales del año 2023 por el referido organismo— los estudios oportunos en este marco. Habrá que estar, pues, muy pendiente de los pasos que se vayan a dar en este ámbito.

4. Obligación de proporcionar información precisa y constante acerca del objeto espacial lanzado

El Convenio sobre el registro de objetos lanzados al espacio ultraterrestre adoptado en el año 1975 promueve la transparencia y la responsabilidad en el ámbito de las actividades espaciales al imponer obligaciones a los Estados que inciden en la idea de tener que informar acerca de los objetos que son lanzados al comentado entorno espacial. Así queda establecido en el segundo artículo de dicho instrumento en virtud del cual se estipula que el país que realiza un lanzamiento debe registrar el artefacto en cuestión. Este registro tiene como objetivo proporcionar información, entre otras cosas, sobre los parámetros orbitales fundamentales que seguirán los dispositivos espaciales una vez lanzados.

En este contexto, debe subrayarse la importancia de la Resolución 1721B (XVI) emitida por la Asamblea General de la ONU en la medida en que confirmó lo que más adelante establecería el Convenio de 1975 al señalar —con una década de anterioridad aproximadamente— que los Estados que lancen objetos al espacio deben proporcionar la información oportuna con la intención de dejar debida constancia de los lanzamientos que hayan sido efectuados. Pese al carácter escueto de la citada resolución, consideramos que ésta propició la implementación de las medidas estatales correspondientes. Es más, un sector doctrinal opina que sus efectos han sido más contundentes que los provocados por el instrumento jurídico anteriormente mencionado. En este sentido, debe indicarse que dicha corriente doctrinal aduce que éste último no ha sido suscrito por un número considerable de Estados[301]. En todo caso, hay que prestar atención al matiz: la Resolución contiene recomendaciones y el Convenio obligaciones, si bien es cierto que hay carencias con respecto al contenido

---

301   *Vid.* HERZFELD, Henry, «Unsolved issues of compliance with the registration convention», *Journal of Space Safety Engineering*, núm. 8, 2021, p. 238-244.

del instrumento jurídico vinculante al —*inter alia*— no exigir a los Estados actualizar la información registral cuando se producen cambios en, por ejemplo, la utilización de una órbita específica[302].

Vemos, una vez más, las limitaciones que acompañan a la regulación internacional a la hora de enfrentar la situación actual con respecto a los desafíos que se advierten en el entorno espacial. Y el Convenio de 1975 no es —como ya anticipamos en el anterior capítulo— una excepción. Consideramos, por tanto, que de haberse elaborado una herramienta sólida y contundente con respecto al registro de objetos espaciales se podía haber mitigado una buena parte de los retos actuales. Así lo creemos, independientemente de que la UNOOSA pusiera de relieve —a principios del año 2016— que había aproximadamente seis mil objetos espaciales debidamente registrados, reflejando con ello la buena disposición que tenían los Estados a la hora de compartir información sobre los objetos espaciales lanzados[303]. Es más, a la luz de estos datos, algunos autores han determinado que esta práctica registral presenta una dimensión imperativa, apoyándose en la idea de que hay un fuerte respaldo estatal para con el citado instrumento hasta el punto de considerar que ésta forma parte de la costumbre internacional. Así pues, de acuerdo con la mencionada corriente doctrinal dicha práctica presenta un carácter vinculante, independientemente de que los Estados hayan o no suscrito el acuerdo de 1975[304].

Sin embargo, los datos se contraponen con las estimaciones que hizo la NASA un año después cuando calculó que, pese a haber unos quinientos mil objetos orbitando en el espacio, tan sólo se habían rastreado unos veinte mil[305]. Por lo tanto, tan sólo

---

302 Todas estas cuestiones se encuentran relacionadas con el Tratado de 1967 cuyo artículo VI proclama que los Estados serán responsables internacionalmente de las actividades nacionales que se realicen en el espacio ultraterrestre. El precepto legal siguiente determina que aquellos países que lancen o promuevan lanzamientos serán responsables internacionalmente de los daños causados.

303 *Vid.* JAKHU, Ram, JASANI, Bhupendra y MC DOWELL, Jonathan, «Critical issues related to registration of space objects and transparency of space activities», *Acta Astronautica*, núm. 143, 2018, p. 406-420.

304 *Vid.* JAKHU, Ram, JASANI, Bhupendra y MC DOWELL, Jonathan, *ob. cit.*

305 Adviértase que el cálculo se establece de una manera un tanto flexible al incluir todo objeto fabricado o creado por el ser humano.

el cuatro por ciento de objetos que en ese momento estaban orbi-tando el espacio habían sido debidamente identificados[306]. Asi-mismo, la agencia espacial norteamericana señalo que, en julio de 2017, el Registro de la ONU había contabilizado siete mil nove-cientos cuarenta y nueve objetos espaciales de los cuales cuatro mil seiscientos nueve permanecían en órbita. Además, indicó que mil seiscientos treinta y siete se habían desintegrado y cincuenta y dos fueron dirigidos a una órbita de inactividad. Estos datos ponen de manifiesto lo que se intuía ya desde hace tiempo: se registra una mínima parte de la totalidad de los objetos espacia-les que son lanzados[307].

Abundando en las ideas vertidas en los anteriores párrafos, debemos señalar otra clase de carencias como, por ejemplo, que el Convenio de 1975 no aclara qué debe entenderse por objeto espacial. Además, el artículo V plasma que será aplicable a todos aquellos objetos que sean lanzados en la órbita terrestre o más allá. De tal manera, que no resulta aplicable con respecto a los vuelos suborbitales. Además, el Convenio no incluye disposi-ciones para verificar el cumplimiento de los Estados en relación con sus disposiciones ni, por supuesto, la implementación de las sanciones correspondientes. Esta cuestión nos resulta parti-cularmente llamativa, máxime cuando observamos que muchos Estados han vulnerado desde hace años gran parte de su conte-nido[308]. Sin duda, son necesarias nuevas estrategias legislativas que ahonden en todas estas cuestiones.

La comunidad internacional consciente de las lagunas existen-tes ha promovido la adopción de medidas recientes de cara a procurar cierto «orden» en el espacio. Así las cosas, debe traerse

---

306 *Vid.* HERZFELD, Henry, *ob. cit.*

307 *Ibidem.* En todo caso, de acuerdo con la definición proporcionada por las Direc-trices del año 2007 comprobamos que todos los objetos espaciales pueden ser basura espacial, pero ello no opera del mismo modo a la inversa. Todo lo cual podría explicar esta divergencia en los datos.

308 Al hilo de lo comentado, algunos autores indican lo siguiente: «the Registration Convention has been moderately successful in creating an atmosphere of interna-tional transparency in the use of space, with a good faith effort on the part of most actors to provide relevant information. However, ambiguities in the requirements and poor feed- back and quality control in the system have led to significant flaws in the registry which allow cover for the small number of deliberate abuses». *Cfr.* JAKHU, Ram, JASANI, Bhupendra y MC DOWELL, Jonathan, *ob. cit.*

a colación la resolución de la Asamblea General 62/1001 del año 2007[309]. Las recomendaciones recogidas en dicho documento reflejan las profundas carencias que en este marco existen. Sin duda, sería de gran utilidad adoptar un instrumento jurídico vinculante que las englobara[310]. Sea como fuere, por el momento no son más que meras sugerencias.

Dicho lo cual, son diversos y apremiantes los interrogantes que se nos plantean dentro del tema que es objeto del presente análisis. Así, por ejemplo, nos preguntamos lo siguiente: ¿qué sucede si un satélite es transferido en propiedad a otro sujeto/actor? ¿Qué pasa si se modifica el trayecto orbital de un artefacto espacial? ¿Qué implicaciones debe traer consigo la retirada de un objeto espacial? ¿Deben los pequeños satélites someterse a un régimen específico dado que generan importantes daños al entorno espacial y son a su vez muy difíciles de rastrear? La debilidad normativa de la regulación internacional se nos revela aún más acusada cuando comprobamos que el sector privado espacial no se encuentra sometido a la misma. Sin duda, es preciso desarrollar nuevos marcos normativos que, entre otras cosas, aborden las particularidades de la actividad espacial contemporánea[311]. En este contexto, surge otra pregunta crucial que requiere una respuesta contundente: ¿cómo puede mejorarse la coordinación y la transparencia entre los actores espaciales privados y las autoridades reguladoras a nivel internacional?

En vista de las carencias normativas existentes entendemos que es preciso adoptar medidas en este ámbito que proporcionen las debidas respuestas a las cuestiones antes planteadas, especialmente si constatamos que nos encontramos ante una era espacial particularmente convulsa. De este modo, se podrá pro-

---

309 En el enlace que figura a continuación se tiene acceso al documento mencionado en el cuerpo principal del texto: https://www.unoosa.org/pdf/gares/ARES_62_101S.pdf

310 Así lo exponen cuando afirman lo siguiente: «There are many important reporting issues that are not specified in the treaties or resolutions. Included are: • When filings are due [;] • Updates to current filings [;] • Uniform mandatory standards and format for information [;] •Notifications on end-of-life of a space object [;] • Transfer of ownership of space object [;] Accuracy of the data and authority to verify the information pro- vided». Cfr. HERZFELD, Henry, ob. cit.

311 Ibidem.

porcionar la debida transparencia y trazabilidad en las actividades espaciales, permitiendo a la comunidad internacional conocer la ubicación y propiedad de los objetos que se encuentran en el espacio. Además, será más sencillo prevenir posibles colisiones y, por tanto, garantizar una mayor seguridad de las operaciones espaciales. Y, si finalmente tuviera lugar una colisión, no hay duda de que el establecimiento de un registro actualizado contribuirá a determinar la parte responsable, lo que a su vez debería acompañarse de la sanción correspondiente. De esta manera, se podrá mantener la sostenibilidad a largo plazo del entorno espacial. Esperemos, pues, que todas estas cuestiones aparezcan recogidas en la herramienta jurídica pertinente que esperamos vaya a adoptarse —antes o después— en este ámbito.

5. Medidas que incidan en la prevención, reparación y sanción de aquéllos que contribuyan a generar basura espacial y a obstaculizar el tráfico espacial

Además de las medidas técnicas que puedan adoptarse con el objetivo de procurar una mejor gestión del tráfico espacial, así como una reducción de la basura ya existente, entendemos que es preciso crear los órganos pertinentes que se ocupen de supervisar y garantizar el cumplimiento de la normativa internacional. Así las cosas, entendemos que deben diseñarse los mecanismos oportunos para verificar que se cumple con lo previsto en la regulación internacional. Además, deberían imponerse sanciones a aquellos actores que entorpezcan o perjudiquen el entorno espacial, incentivando por tanto la realización de prácticas responsables en el espacio[312].

4.1.3. Propuestas legislativas ideadas para frenar la contaminación lumínica y proteger el medio ambiente

De acuerdo con el objeto del presente estudio, la contaminación lumínica se refiere —como ya hemos visto— al brillo no deseado

---

312 Estas cuestiones ya han sido plasmadas en discusiones planteadas a nivel internacional conforme a las cuales se ha debatido acerca de la implementación de normas que tengan por objeto mitigar con firmeza todos estos problemas. Así lo ha puesto de relieve, entre otros, la UIT y la COPUOS.

del cielo nocturno que se genera como consecuencia de, principalmente, el reflejo de la luz solar que se proyecta en los satélites, así como en la basura espacial que se encuentra orbitando la Tierra. Como cabe imaginar, este fenómeno ha ido adquiriendo cada vez mayor entidad a medida que aumenta la presencia de artefactos y escombros en el espacio. Junto a lo anterior, debemos ser conscientes del daño causado por la referida maquinaria espacial y los desechos no sólo en el comentado entorno espacial, sino también en nuestro planeta. Ante esta particular problemática, es importante incidir en la idea de que astrónomos, empresas espaciales y organismos reguladores están trabajando en minimizarlos.

De acuerdo con lo expuesto, debe destacarse a su vez la importancia del artículo IX del Tratado de 1967, el cual proclama que la exploración en el entorno espacial no debe provocar contaminación nociva ni cambios desfavorables en el medio ambiente de la Tierra. Apenas encontramos otras normas supranacionales relevantes en este ámbito aparte de las previstas en el Acuerdo de 1979 que, como ya dijimos, no han sido respaldadas por un número significativo de Estados[313]. Consecuentemente, ante las carencias normativas existentes, llegamos a la conclusión de que es preciso adoptar medidas concretas y contundentes conforme a las cuales se haga frente a los particulares desafíos que se dan hoy en este campo con motivo de, fundamentalmente, el lanzamiento constante de satélites al espacio.

1. Crear un órgano específico que vele por la protección de los cielos

En relación con los desafíos que en este apartado se están abarcando, nos parece adecuado abogar por la creación de un órgano que se ocupe de supervisar la contaminación lumínica generada

---

313 En este punto, deben traerse a colación las citadas directrices adoptadas en el año 2019 en la medida en que han auspiciado lo siguiente: «promote adherence to the space legal framework, reaffirm State responsibility to properly supervise national space operations, encourage orbital data sharing practices, and reiterate the interests of sustainable space exploration, scientific investigation and knowledge». *Cfr.* Langston, Sara y Taylor, Kayla, «Evaluating the benefits of dark and quiet skies in an age of satellite mega-constellations», *Space Policy*, 2024, p. 1-10.

por los satélites[314]. Esta medida contribuiría no sólo a preservar la calidad de la observación astronómica, sino que además garantizaría la existencia de cielos nocturnos. Asimismo, este organismo podría abordar y revertir los impactos negativos que se dan en el campo de la ecología y la biodiversidad con motivo de los incesantes lanzamientos espaciales que el siglo XXI está trayendo consigo[315].

La creación de este órgano supondría al mismo tiempo una coordinación más eficiente del espacio orbital, lo que se traduciría en una reducción considerable de accidentes o colisiones en el espacio. Como colofón a lo anterior, entendemos que éste tendría un papel relevante a la hora de concienciar y promover la importancia de albergar cielos oscuros. Sin duda, adoptar medidas en el sentido referido implicaría un desarrollo espacial sostenible y armonioso.

2. Normas específicas en torno a la iluminación y diseño de satélites

Adoptar normas que contengan limitaciones claras en torno a la contaminación lumínica es, a nuestro juicio, una cuestión fundamental que promovería una mejor calidad del cielo. En definitiva, el objetivo sería adoptar preceptos legales conforme a las cuales se introducirían criterios cuantificables destinados a minimizar la cantidad de luz que los satélites estarían autorizados a emitir. Estos límites podrían abarcar restricciones en la luminosidad aparente de los satélites y, además, proporcionar directrices acerca de la dirección en la que la luz debe emitirse. Ello debería combinarse junto con la imposición de estándares específicos en el diseño de los satélites[316]. Lo anterior no solo promovería prácticas más sostenibles en la exploración espacial, sino que también

---

314 *Vid.* DUNNE, Sean, *ob. cit.*

315 A estos efectos, consideramos que sería de utilidad utilizar tecnologías de seguimiento para conocer el estado y el comportamiento de los satélites para determinar de qué modo afectan a, entre otros, el medio ambiente.

316 A estos efectos, cobran interés los revestimientos no reflectantes y la adopción de otra clase de tecnologías que minimizan la emisión de luz no deseada. Sea como fuere, así se asegura que la presencia orbital no genera un impacto excesivo en la visibilidad del cielo nocturno ni contribuye a la contaminación lumínica en la Tierra.

preservaría la capacidad de realizar observaciones astronómicas sin interferencias. Lo anterior minimizaría el impacto ambiental al quedan asociados los satélites.

3. Normativa en torno a la altitud y ubicación de los satélites

La implementación de normas que hagan referencia a la ubicación y altitud de los satélites en órbita sería una buena manera de mitigar las interferencias que éstos pueden llegar a ocasionar[317]. Además, mejorarían las observaciones astronómicas al reducir la contaminación lumínica en la Tierra. Estos preceptos legales deberían al mismo tiempo introducir criterios que limiten la concentración de satélites en determinadas regiones del espacio, evitando congestiones que afectarían a la visibilidad del cielo nocturno[318].

En este contexto, hacemos hincapié de nuevo en la importancia de crear el órgano pertinente que se ocupe de procurar una adecuada coordinación y gestión de los desafíos aquí abordados. De esta manera se articularía un sistema normativo e institucional dedicado a observar el cumplimiento de todas estas medidas, asegurando que los satélites se despliegan de una manera sostenible para —*inter alia*— minimizar su impacto en la observación del espacio.

---

317 Al hilo de esta cuestión, debe indicarse que los científicos especializados en el estudio del cosmos ponen sobre la mesa la idea de que es preciso reconocer un área orbital alrededor de la Tierra que abarque entre los 80 y 100 kilómetros hasta los 36.000 kilómetros de altitud y que se constituya como un ecosistema adicional. Se trata, en definitiva, de procurar un régimen similar al de los océanos o la atmósfera en la medida en que constituyen espacios similares que comparten desafíos ambientales parecidos.

318 En este contexto, debemos indicar que la tecnología que se está desarrollando en la actualidad debe enfocarse en buena medida en apagar o atenuar la iluminación de los satélites durante la noche, especialmente en situaciones donde la observación del cielo oscuro es crítica.

4. Ampliación de los delitos a investigar por la Corte Penal Internacional: la introducción en el Estatuto de Roma del delito de ecocidio

La inclusión del delito de ecocidio en el Estatuto de Roma sería un paso significativo en la medida en que se reconocería formalmente la destrucción grave y extensa del medio ambiente como un crimen internacional[319]. Ello tendría un impacto directo en la actuación de aquellos que lanzan satélites, puesto que pondrían un mayor cuidado a la hora de cumplir con la regulación medioambiental.

El lanzamiento de satélites a menudo implica el despliegue de cohetes y la generación de desechos espaciales, lo que genera contaminación en el espacio, así como en medio ambiente terrestre. La amenaza de ser procesado por la perpetración de un crimen de ecocidio podría incentivar a las agencias espaciales y a las empresas a adoptar prácticas más sostenibles, como la reducción de desechos y la implementación de tecnologías más limpias. Además, la inclusión del referido delito en el Estatuto de Roma promovería una mayor responsabilidad y conciencia ambiental en la exploración espacial, fomentando así la preservación del espacio exterior y la Tierra.

4.2. Reflexiones finales sobre el equilibrio entre progreso, responsabilidad y sostenibilidad en el ámbito espacial

Desde los albores de la humanidad, la naturaleza superviviente del humano, junto con su curiosidad innata, ha impulsado una búsqueda incansable de conocimiento. El ansia de entender el mundo nos ha conducido a dominar nuestro entorno y a mejorar de forma constante y considerable nuestras condiciones de vida. La ciencia y la tecnología han ido evolucionando de forma imparable, siendo claros catalizadores de la transformación de la rea-

---

319 Esta discusión se lleva manteniendo desde hace un tiempo. *Vid.* GONZÁLEZ HERNÁNDEZ, María Teresa, «La incorporación del ecocidio al Estatuto de Roma: ¿Una nueva herramienta para combatir la crisis climática?», *Revista de Derecho Ambiental*, núm 19, 2023, p. 79-96.

lidad en la que vivimos. Si la medicina, la ingeniería o la industria química no hubieran progresado en el último siglo de la manera en la que lo ha hecho —por dibujar un marco temporal entendible y comparable— sin duda nuestra vida y nuestro entorno sería muy diferente al actual.

Hoy, en la mayoría de los países occidentales, gozamos de una esperanza de vida que prácticamente dobla a la que teníamos a principios del siglo XX, con una incidencia mínima, por ejemplo, de mortalidad infantil. Nos movemos por el planeta en horas gracias al desarrollo del transporte aéreo, somos capaces de obtener energía limpia e inagotable como consecuencia de la tecnología fotovoltaica o nuclear y, además, nuestros campos producen cereal de una forma muchísimo más productiva que antaño. Señalamos todos estos ejemplos siendo plenamente conscientes de que a su vez la revolución industrial, el transporte aéreo o el uso masivo del automóvil ha disparado la contaminación atmosférica y ha generado una situación preocupantemente tensa en cuanto al equilibrio climático de nuestro planeta. Sabemos perfectamente que el auge de la utilización de pesticidas y el uso intensivo de la tierra ha agotado y contaminado el suelo y las aguas subterráneas, poniendo en riesgo la biodiversidad, además, de determinados pulmones del planeta. También tenemos claro que la energía nuclear es limpia, pero al mismo tiempo ha dado lugar a terribles accidentes como el sucedido en, por ejemplo, Chernóbil tiempo atrás o en Fukushima con carácter más reciente.

Con todos estos ejemplos queremos señalar que sin lugar a duda el auge de la ciencia nos ha llevado hasta aquí, pero al mismo tiempo debemos señalar que nosotros —actuales usuarios y herederos del planeta— tenemos que actuar con la debida diligencia ante los posibles efectos perniciosos que genera en muchas ocasiones el desarrollo de la ciencia y la tecnología. Nuestros dirigentes y legisladores deben tener clara su responsabilidad y transformar ésta en un consenso que, posteriormente, se convierta en legislación para evitar males que puedan emanar del progreso y que, en ocasiones, podrían ser irreversibles.

Trasladando todas estas cuestiones al tema que aquí nos ocupa, desde que se produjera el lanzamiento del *Sputnik I* en el año 1957, los avances que han tenido lugar en este ámbito han sido formidables. Hay en estos instantes, como hemos repasado extensamente en el presente estudio, más de siete mil satélites orbitando en la OTB por medio de los cuales se procuran servicios muy diversos. Como también hemos explicado previamente, la proliferación de mega-constelaciones se ha comportado como un factor determinante para el progreso en diversas áreas, especialmente en el campo de las comunicaciones y en el marco de la observación de la Tierra. En el ámbito de las comunicaciones, éstas desafían las limitaciones existentes al proporcionar una red que brinda una conectividad global ininterrumpida y de alta velocidad. La capacidad de estos sistemas para ofrecer servicios de Internet en regiones remotas y deficientemente conectadas se ha convertido en un factor fundamental que ayuda a reducir la brecha digital y mejora el acceso a la información de determinadas zonas despobladas o con deficiente infraestructura. La capacidad de conectar de manera efectiva con comunidades distantes promueve el intercambio cultural, comercial y científico, fomentando la idea de globalización y colaboración. Además, en términos de observación de la Tierra, las mega-constelaciones han transformado la capacidad de vigilar y controlar nuestro planeta de manera más eficiente, ya que la actual cobertura desplegada es tan densa que la precisión de la observación es prácticamente total, dotándonos de —por ejemplo— una capacidad de respuesta más rápida y efectiva ante posibles fenómenos meteorológicos adversos.

Una vez que el hambre de descubrimiento ha generado la idea y ha motivado el desarrollo de la tecnología pertinente, tenemos que ser conscientes de los desafíos que tenemos ante nosotros, los cuales gravitan —fundamentalmente— en torno al concepto de sostenibilidad. Como apuntábamos anteriormente, el ser humano ha venido generando momentos de absoluta brillantez a lo largo de la historia; motivando, en definitiva, episodios capaces de transformar positiva e innegablemente la manera en que vivimos. No siempre sucede, pero en ocasiones esa luz cegadora nos impide apreciar las sombras que a veces acompañan al progreso, riesgos que merecen un espacio de reflexión para entenderse, gestionarse y mitigarse en busca de un espacio de convivencia sostenible. Es en este aspecto donde quizá la inmensidad del espacio —que es el lienzo en el que estamos dibujando todos estos nuevos logros tecnológicos— nos nubla un poco la visión.

Desde tiempo inmemorial, el espacio ha sido concebido o contemplado como algo inaprehensible; sin embargo, en pleno siglo XXI, nos alejamos de esta idea al comprobar cómo nuestro cielo se va llenando de satélites artificiales que congestionan la OTB. E, inmediatamente después, surgen debates/discusiones en torno a cuestiones que nunca nos habíamos detenido a pensar como, por ejemplo, los perversos efectos que está suscitando la cada vez más numerosa basura espacial.

Sin pretender entrar en dilemas éticos, que sin duda serían de enorme interés pero que escapan del objetivo del presente estudio, el concepto de responsabilidad humana toma máxima relevancia en este escenario en el que debatimos sobre unas fronteras no ya administrativas, sino aquellas que nos separan del espacio exterior. El tener en nuestras manos las decisiones que nos permitirán gestionar de forma efectiva los efectos adversos que emanan de la colonización del espacio no es un tema menor. De hecho, esta cuestión afectará con gran fuerza y virulencia a las generaciones venideras en el caso de que no las confrontemos debidamente. Dicho de otra manera, somos dueños hoy de lo que construyamos en el entorno espacial futuro. Así pues, debemos ser conscientes de que la normativa que podamos adoptar ahora repercutirá en las actividades espaciales que se desarrollen más adelante.

Como decíamos anteriormente, el término sostenibilidad es la piedra angular alrededor del cual se hace imperativo construir un marco de convivencia. Al igual que en la Tierra, donde nuestras decisiones presentes moldean el futuro del planeta, en el ámbito espacial somos arquitectos de nuestro porvenir. Las normativas que establezcamos hoy serán los cimientos sobre los cuales se edificará el uso del espacio y, por tanto, se bocetarán las consecuencias para las generaciones venideras. La ONU ha alcanzado un consenso multilateral que se ha plasmado en la Agenda 2030 en torno al desarrollo sostenible en el ámbito terrestre conforme a la cual se sientan las bases para lograr un entorno sostenible, justo e igualitario. En la misma línea, la Agenda Espacial 2030 (Space2030), concebida en el contexto de la Asamblea General de dicha organización y oficialmente aprobada en 2021, pretende responder a los crecientes desafíos que venimos repasando en el presente estudio y que se dan en el complejo marco espacial actual. En este sentido, debemos indicar que el foco se coloca en la cooperación entre naciones y organizaciones internacionales, así como en asegurar que el acceso al espacio exterior se da en términos de equidad y sostenibilidad. Por lo tanto, la sostenibilidad espacial emerge como un objetivo fundamental en nuestra búsqueda de explorar y colonizar nuevos horizontes. Al igual que con la Tierra, debemos adoptar un enfoque equilibrado y responsable que garantice que nuestras acciones en el espacio sean viables a largo plazo. Ello implica no solo salvaguardar la salud y la integridad de nuestro entorno espacial, sino también preservar su capacidad para satisfacer las necesidades y aspiraciones de las generaciones futuras.

Así las cosas, conviene aclarar que el término sostenibilidad hace referencia al concepto o afán de perdurabilidad, que, por definición, es una palabra que debería incumbir a los diferentes actores políticos y económicos[320]. En el contexto del presente estudio, nos queremos referir a la preservación del entorno espacial y terrestre, procurando no dejar heridas mortales en la inmensidad del espacio que nos rodea de tal manera que es imprescindible llegar a soluciones que, en sí mismas, sean entendibles, perdurables y realizables.

Entrando en detalle, el aumento exponencial de satélites en órbita ha elevado de forma considerable el riesgo de colisiones fruto de una escasa regulación en materia de bandas orbitales y de control del espectro. Esta acumulación de objetos plantea un primer dilema, en primer lugar, por la conveniencia de plagar la OTB de artefactos que, por la propia obsolescencia de la tecnología, están llamados a ser futura basura espacial, escombros vagando por el espacio convirtiéndose en proyectiles potencialmente inhabilitadores de la operatividad de los satélites del mañana. No olvidemos que presumiblemente estamos en los primeros compases de nuestra colonización espacial y resulta preocupante sembrar el espacio de minas que imposibiliten el futuro de nuestra exploración más allá de la atmósfera.

---

320 Sesgos políticos aparte, existe diversidad de opiniones cuando nos situamos en la intersección entre intereses económicos, progreso y ecología, ya que las fases iniciales de un desarrollo tecnológico (que asumimos implica progreso), suele tener impactos en el entorno que se van depurando, minimizando y, sobre todo, regulando a medida que va evolucionando.

Un segundo punto de atención hace referencia clara a las inquietudes medioambientales puesto que no podemos olvidar la contaminación lumínica que se ha generado en un cortísimo espacio de tiempo, amenazando seriamente la biodiversidad. No son pocas las organizaciones que señalan que esta situación pone en claro riesgo una parte importante de los ecosistemas, especialmente de aquellos que dependen de la oscuridad de la noche para su funcionamiento normal.

Como ya dijimos, la invasión de luz artificial está alterando los patrones de comportamiento y supervivencia de muchas especies animales. Por ejemplo, aves migratorias, insectos nocturnos y ciertos mamíferos que encuentran su existencia profundamente afectada. Además de este impacto en la fauna, la contaminación lumínica también está afectando seriamente al estudio astronómico. La creciente cantidad de artefactos espaciales que sobrevuelan la OTB afecta a la oscuridad natural y a la observación y el estudio del espacio. Esta interferencia, conocida como «contaminación lumínica espacial», supone una grave amenaza a la investigación científica y el entendimiento de nuestro entorno.

En el punto en el que la ambición espacial y la responsabilidad medioambiental debaten acerca de los efectos perniciosos que se causa al medio ambiente y a la ciencia, aparece el tercer aspecto a considerar y que es la propia estabilidad de la tecnología desplegada; la proliferación de satélites interconectados saturando las órbitas de la OTB, genera riesgos más que evidentes para la operatividad de los satélites hoy; esto quiere decir que la cantidad de interferencias que crecen de manera exponencial exigen medidas urgentes de planificación y coordinación para mitigar los riesgos de la masificación de artefactos en funcionamiento.

Por último, creemos de interés abordar la reflexión acerca de si la proliferación de redes satelitales como las que estamos comentando supone un potencial riesgo para la militarización del espacio, escenario que contradice de forma más que evidente los acuerdos internacionales suscritos en su momento, los cuales tenían como objetivo promover actuaciones pacíficas y colaborativas en el espacio. ¿Cabe esperar que al ser empresas privadas las responsables de esta tecnología tengan menos reservas a la hora de poner al servicio de intereses militares las capacidades que las mega-constelaciones ofrecen? Este riesgo se pone de manifiesto al considerar que la tecnología actual proporciona no sólo una capacidad muy precisa de posicionamiento o de rastreo de objetivos, sino que favorece las comunicaciones en lugares remotos. Ello que, si bien es utilizado para reducir la brecha digital o mejorar la seguridad, abre la puerta a una nueva carrera armamentística sin precedentes. Además, el actual contexto desregulado suscita dudas acerca de si los elevados costes del despliegue de esta tecnología perpetuan las desigualdades «norte-sur» existentes entre los países que actualmente dominan el espacio terrestre y el resto.

Queda claro, por tanto, que términos como la seguridad, la militarización del espacio y la sostenibilidad son los retos fundamentales que encara la humanidad en relación con la proliferación de las mega-constelaciones. Si bien tenemos ante nosotros una revolución en términos de conectividad global y exploración, creemos urgente y necesario articular una sólida y firme acción regulatoria en torno a la actividad que se está desarrollando en el espacio para —*inter alia*— contener los desafíos presentes y futuros.

La regulación se antoja esencial para salvaguardar la sostenibilidad a largo plazo del espacio entendiendo a la Tierra y su biodiversidad como parte de éste y a la humanidad como beneficiaria subsidiaria de la calidad de nuestro entorno. El transporte terrestre, aéreo o marítimo, las sucesivas nuevas formas de generación de energía, Internet y su impacto en las comunicaciones humanas o los avances médicos como la biotecnología o la modificación genética fueron avances pioneros en su momento que requirieron una puesta en común y un espacio de reflexión en la que se gestó —en muchos casos— una regulación específica para minorar los riesgos asociados. Todo esto sugiere que los retos actuales no acaban en limitar o al menos establecer normativa acerca del número de satélites permitidos o «asumibles», sino también en ejercer medidas de control sobre las tecnologías y materiales utilizados y, como es lógico, en exigir a las empresas absoluta diligencia en cuanto a la potencial basura que generen sus satélites. Así pues, comprobamos que urge diseñar sistemas avanzados que ayuden a retirar el material obsoleto que se encuentra ubicado en la OTB. Además, hay que tener estricto cuidado en el diseño de satélites y sus componentes, así como en las prácticas de lanzamiento, en la contaminación lumínica que provocan y un largo etcétera que tendrá que ser analizado y consensuado en buena medida con la comunidad científica.

Además, estimamos que la regulación tiene que poner el foco, como hacen los mecanismos actuales de control aéreo, en las diferentes órbitas en las que se opera y en la gestión de potenciales conflictos entre empresas, colisiones, interferencias, etc. Si bien el espacio es inabarcable y la probabilidad actual de colisión es baja, el ritmo de crecimiento de estas tecnologías hace indicar que es muy posible que tal probabilidad aumente con el tiempo y sea un potencial riesgo que tener bajo control. Por tanto, un ente de control parece necesario en este contexto, y no solo a la hora de controlar el dónde sino a la hora de establecer marcos de actuación que fomenten la cooperación internacional y promover un entorno espacial seguro.

REFERENCIAS BIBLIOGRÁFICAS

AZCÁRATE ORTEGA, Almudena, «Placement of Weapons in Outer Space: The Dichotomy Between Word and Deed», *Lawfare*, 2021.

BARRACHINA, Mercedes, *et al.*, «El reto de gestionar la basura espacial», *BIT*, 2023.

BLATT, Talia, «Anti-Satellite Weapons and the Emerging Space Arms Race», *Harvard International Review*, 2020.

BLOUNT, P. J., «Jurisdiction in outer space: challenges of privates individuals in space», *Journal of Space Law,* Vol. 33, 2007.

BLOUNT, P. J., «Space Traffic Coordination: Developing a Framework for Safety and Security in Satellite Operations», *Space: Science & Technology*, 2021.

BOLEY, Aaron y BYERS, Michael, «Satellite megaconstellations create risks in Low Earth Orbit, the atmosphere and on Earth», *Scientific Reports*, núm. 11, 2021.

BOTERO URREA, Laura, «Régimen jurídico de los objetos espaciales», *Revista de Derecho, Comunicaciones y Nuevas Tecnologías,* núm. 10, 2013.

BOURBONNIÈRE, Michel y LEE, Ricky, «Legality of the Deployment of Conventional Weapons in Earth Orbit», *EJIL*, núm. 18, 2007.

BRAVO NAVARRO, Martín, «Acuerdo Internacional sobre la Luna», *Consejo Superior de Investigaciones Científicas*, núm. 417, 1980.

BROOKS, Andrew, «The Artemis Accords: The Necessary Incentive of Space Extraction Rights», *Colombia Journal of Transnational Law*, 2020.

CANEVARI, Renata y VENZEL, Sofía, «URSS: optimismo por el espacio en el diseño de los años 60», *Revista Internacional de Ciencias Sociales*, Vol. 9, núm. 2, 2020.

CATANI, Carolina, «La sostenibilidad a largo plazo del espacio ultraterrestre: ¿una vuelta a los años '50 y un diálogo impensado?», en CONTI, Cecilia (ed.), *Desarme y no proliferación: un enfoque multidisciplinario*, Universidad de la Defensa Nacional UNDEF, Buenos Aires, 2022.

CASEY-MASLEN, Stuart y VESTNER, Tobias, «Trends in Global Disarmament Treaties», *Journal of Conflict and Security Law*, Vol. 25, 2020.

CHABERT, Valentina, «The Ourter-Space Dimension of the Ukraine Conflict: Toward a New Paradigm for Orbits as a War Domain», *Journal of International Affairs*, Vol. 75, núm. 2, 2023.

CREPALDI, Marco, «Ethical concerns of mega-constellations for broadband communication», en ARIAS-OLIVA, Mario, PELEGRÍN-BORNDO, Jorge, MURATA, Kiyoshi y LARA PALMA, Ana María (eds.), *Social Challenges in the Smart Society*, Universidad de la Rioja, Logroño, 2020.

CHE ZUHAIDA, Saari, «The Roles of Outer Space Treaty 1967 in promoting international peace», en SAHID, Muamilin y otros (ed.), *Syariah and Law discourse: special series*, Universiti Sains Islam Malaysia, Malasia, 2019.

CHRISTOL, Karl, «The common interest in the exploration, use and exploitation of outer space for peaceful purposes: the Soviet-American dilemma», *Akron Law Journal*, Vol. 18, 2015,

CONTANT-JORGESON, Corinne, *et. al.*, «The IAA Cosmic Study on space traffic management», *Space Policy*, núm. 22, 2006.

CORTÉS ROBAYO, Laura, «Historia espacial: recuento histórico de su evolución y desarrollo», *Revista de Derecho, Comunicaciones y Nuevas Tecnologías*, núm. 12, 2012.

CURZI, Giacomo, *et al.*, «Large Constellations of Small Satellites: A Survey of Near Future Challenges and Missions», *Aerospace*, núm. 7, 2020.

DAVALOS, Juan, «International standards in regulating space travel: clarifying ambiguities in the commercial era of outer space», *Emory International Law Review*, Vol. 30, 2016.

DENNERLEY, Joel, «State Liability for Space Object Collisions: The Proper Interpretation of "Fault" for the Purposes of International Space Law», *The European Journal of International Law*, Vol. 29 núm. 1, 2018.

DEPLANO, Rossana, «The Artemis Accords: evolution or revolution in the international Space Law?», *The International and Comparative Law Quarterly*; núm. 3, 2021.

DETSCH, Jack, y GRAMER, Robbie, «China and Russia Are Catching Up to U.S. in Space Capabilities, Pentagon Warns», *Foreign Policy*, 2022.

Dunne, Sean, «Rage Against the Dying of the Light: Regulation of Light Pollution from Satellites», *University of Illinois Law Review*, núm. 3, 2023.

Dupont, Daniel, «Nuclear Explosions in Orbit», *Scientific American*, Vol. 290, núm. 6, 2004.

Early, Bryan *et al*, «Spying from Space Reconnaissance Satellites and Interstate Disputes», *Journal of Conflict Resolution*, Vol. 69, 2021.

Erwin, Sandra, «On National Security | Drawing lessons from the first 'commercial space war», *Space News*, 2022.

Exarchou, Georgia, «Allocation of the radio-frequency spectrum and satellite orbits: Jurisprudential Perspectives», *AEL*, núm. 3, 2023.

Ferreira-Snyman, Anél, «Selected Legal Challenges relating to the Military Use of Outer Space with Specific Reference to Article IV of the Outer Space Treaty», *PER/PELJ*, núm. 3, 2015.

Friman, Johanna, «War and Peace in Outer Space: A Review of the Legality of the Weaponization of Outer Space in the Light of the Prohibition on Non-Peaceful Purposes», *Finnish Yearbook of International Law,* Vol. XVI, 2008.

Galdámez Ballester, Cristina y **Ramón Fernández**, Francisca, «Objetos, vehículos y tripulaciones en el transporte en el Espacio Ultraterrestre», *Revista de la Facultad de Derecho y Ciencias Políticas*, Vol. 51, núm. 135, 2021.

García Cantalapiedra, David, «EEUU, China y Rusia: la lógica inevitable de la militarización del espacio», *Real Instituto Elcano*, núm. 26, 2008.

Grunert, Jeremy, «The Peaceful Use of Outer Space?», *Texas National Security Review*, 2021.

García Luengo, Iván, «Las armas espaciales en la militarización del espacio», *Revista Española de Derecho Aeronáutico y Espacial*, núm. 2, 2022.

González Ferreiro, Elisa, «La regulación de las actividades espaciales como estrategia de seguridad y crecimiento nacional», *Cuadernos de estrategia,* núm. 208, 2021.

González Hernández, María Teresa, «La incorporación del ecocidio al Estatuto de Roma: ¿Una nueva herramienta para combatir la crisis climática?», *Revista de Derecho Ambiental*, núm 19, 2023.

Gross, Matthew, «The Artemis Accords: International Cooperation in the Era of Space Exploration», *Harvard International Review*, 2023.

Grotch, Steve, «Mega-Constellations: Disrupting the Space Legal Order», *Emory International Law Review*, Vol. 37, 2022.

Gutiérrez Espada, Cesáreo, «La militarización del espacio ultraterrestre», *REEI*, núm. 12, 2006.

Gutiérrez Espada, Cesáreo, «La crisis del derecho del espacio, un desafío para el derecho internacional del nuevo siglo», *Anuario Español de Derecho Internacional*, 1999, Vol. XV.

Gutiérrez Espada, Cesáreo, «Los grandes retos del derecho del espacio ultraterrestre», *Anuario de derecho internacional*, XIII, 1997.

Han-Taek, Kim, «Militarization and Weaponization of Outer Space in International Law», *The Korean Journal of Air & Space Law and Policy,* Vol. 33, 2018.

Hellman, Jacqueline, «La superación de la doctrina clásica en torno a la subjetividad internacional en detrimento de las multinacionales», *Anuario Mexicano de Derecho Internacional*, Vol. XVIII, 2018.

Hernández García, Sebastián, «Desmilitarización del espacio ultraterrestre: las Naciones Unidas y la creación del grupo de trabajo de composición abierta sobre la reducción de las amenazas espaciales», *Revista Española de Derecho Aeronáutico y Espacial*, núm. 2, 2022.

Herzfeld, Henry, «Unsolved issues of compliance with the registration convention», *Journal of Space Safety Engineering*, núm. 8, 2021.

Hoffmann, Andrew, «A New Era in the Weaponization of Space: The U.S. Space Force & An Update to the Outer Space Treaty», *Transnational Law & Contemporary Problems*, Vol. 29, 2020.

Ianotti Fiilice, Andrea Valeria, *Los Acuerdos de Artemisa y la Evolución del Derecho Espacial Respuestas de los países en vías de desarrollo frente a la privatización del espacio ultraterrestre* (Maestría en Derecho. Mención en Derecho Internacional Económico), Universidad Andina Simón Bolívar (Ecuador) 2022.

Jakhu, Ram, **Jasani**, Bhupendra y **Mc Dowell**, Jonathan, «Critical issues related to registration of space objects and transparency of space activities», *Acta Astronautica*, núm. 143, 2018.

JIA, Min, *et al.*, «Intelligent Resource Management for Satellite and Terrestrial Spectrum Shared Networking toward B5G», *IEEE*, Vol. 27, 2020.

JHA, Devanshu, *et al.*, «Safeguarding the final frontier: Analyzing the legal and technical challenges to mega-constellations», *Journal of Space Safety Engineering*, núm. 9, 2022.

JORDÁN ASTABURUAGA, Gustavo, «Satélites, la cuarta dimensión tecnológica del conflicto internacional», *Revista Marina*, núm. 1, 1998.

JORDÁN, Javier, «Competición entre grandes potencias y militarización del espacio exterior», *Revista Iberoamericana de Filosofía, Política, Humanidades y Relaciones Internacionales*, núm. 53, 2023.

KAINEG, Sophie, «The Growing Problem of Space Debris», *Hastings Environmental Law Journal,* Vol. 26, núm. 2, 2020, p. 277-288.

KELES, Omer, «Telecommunications and Space Debris: Adaptive Regulation Beyond Earth», *Telecommunications Policy*, núm. 47, 2023.

KERREST, Armel, «The concept of the "launching State" in commercial launch ventures», en WOUTERS, Jan, DE MAN, Philip, HANSEN, Rik (eds.), *Commercial Uses of Space and Space Tourism*, Ed. Elgar online, 2017.

KESSLER, Donald, y COUR-PALAIS, Burton, «Collision Frequency of Artificial Satellites: The Creation of a Debris Belt», *Journal of Geophysical Research*, Vol. 83, núm. 6, 1978.

KIRCHNER, Stefan, «El impacto de las grandes constelaciones de satélites en la astronomía terrestre y los límites del derecho internacional», *SSRN Electronic Journal*, núm. 3, 2020.

KODHELI, Oltjon, «Satellite Communications in the New Space Era: A Survey and Future Challenges», *IEEE Communications surveys & tutorial*, Vol. 23, núm. 1, 2020.

KOSTENKO, Inesa, «Artemis Accords and the Future of Space Governance: Intentions and Reality», *Advances Space Law,* Vol. 8, 2021.

LACLETA MUÑOZ, José Manuel, «El Derecho en el espacio ultraterrestre», *Real Instituto Elcano*, núm. 18, 2005.

LANGSTON, Sara y **TAYLOR**, Kayla, «Evaluating the benefits of dark and quiet skies in an age of satellite mega-constellations», *Space Policy*, 2024.

LAWRANCE, Andy, *et. al.*, «The case for space environmentalism», *Nature Astronomy*, núm. 6, 2022, p. 428-435.

LEWIS, James, *Waiting for Sputnik: basic research and strategic competition*, Ed. Center for Strategic and International Studies, Washington, 2006.

LOPEZ MARCOS, Alberto, «La naturaleza jurídica de los acuerdos Artemis: una visión jurídica de la comercialización del espacio», *Noticias de Espacio*, 2023.

LUJÁN FLORES, María, «los desechos espaciales: un desafío pendiente», *Revista de Estudios Jurídicos*, núm. 22, 2022.

MARKOFF, Marko, «Disarmament and peaceful purposes provisions in the 1967 Outer Space Treaty», *Journal of Space Law*, Vol. 4, 1976.

MARTÍN GADEA, Abundio, «El Tratado de Derecho del Espacio Ultraterrestre», *Revista Electrónica de Derecho Internacional Contemporáneo*, núm. 1, 2018.

MARTÍNEZ, Peter, «The development and implementation of international UN guidelines for the long-term sustainability of outer space activities», *Advances in Space Research*, Vol. 72, 2023.

MARTÍNEZ, Peter, «UN COPUOS Guidelines for the Long-Term Sustainability of Outer Space Activities: Early implementation experiences and next steps in COPUOS», *Journal of Space Engineering*, Vol. 8, 2021.

MASSON-ZWAAN, Tanja, «El marco internacional para las actividades espaciales», en JOHNSON, Christopher (ed.), *Manual para nuevos actores en el espacio*, Integrity Print Group, Denver, 2020.

MAYO MUÑOZ, Luis, «Cooperación internacional», *Cuadernos de estrategia*, núm. 170, 201.

MEYER, Paul, «Star-crossed States: No result from the UN Working Group on Reducing Space Threats», *Open Canada*, 2023.

MOVILLA PATEIRO, Laura, «¿Hacia un cambio de paradigma en el Derecho del Espacio Ultraterrestre?: Los acuerdos Artemisa», *REDI,* Vol. 73, 2021.

MOYLAN, James, «The Role of The International Telecommunications Union for, the Promotion of Peace Through Communication Satellites», *Case W. Res. J. Int'l L*, núm. 4, 1971.

MOVILLAS PATEIRO, Laura, «¿Hacia un cambio de paradigma en el Derecho del Espacio Ultraterrestre?: Los acuerdos Artemisa», *REDI*, vol. 73, 2021.

MUÑOZ-PATCHEN, Chelsea, «Regulating the Space Commons: Treating Space Debris as Abandoned Property in Violation of the Outer Space Treaty», *Chicago Journal of International Law*, Vol. 19, núm. 1, 2018.

OKATI, Niloofar y RIIHONEN, Taneli, «Coverage and Rate Analysis of Mega-Constellations Under Generalized Serving Satellite Selection», *IEE Wireless Communications and Networking Conference,* 2022.

OSORO, Ogutu *et al.*, «Sustainability assessment of Low Earth Orbit (LEO) satellite broadband mega-constellations», *Arxiv,* 2023.

OSPINA, Sylvia, «El Derecho espacial, las telecomunicaciones internacionales por satélite y los recursos naturales», *XXVI Course on International Law*, 1999.

PEÑA SAFFON, Sylvana, «Acceso a la órbita de los satélites geoestacionarios. Propuesta para un régimen jurídico especial», *Revista de Derecho, Comunicaciones y Nuevas Tecnologías*, núm. 11, 2012.

QUIAN WU, Zeqi, *et al.*, «Exploiting Mega-Constellations for Low-Latency Earth Observation», *IEEE Explore 29th International Conference on Network Protocols*, 2021.

RIVERA, José, *América Latina ante los modernos sistemas de comunicación de masas*, Ed. Congreso de la República, Caracas, 1971.

ROMERO NIETO, Manuel, «El dominio especial, visión de la OTAN

y su relación con las operaciones marítimas», *Revista general de marina*, Vol. 281, 2021.

RUEDA CARAZO, Alberto, «Mega-Constellations», en NAKARADA PECUJLIC, Anja y TUGNOLI, Matteo (eds.), *Promoting productive Cooperation between space lawyers and engineers*, IGI Global, Pennsylvania, 2019.

PEÑA SAFFON, Sylvana, «Acceso a la órbita de los satélites geoestacionarios. Propuesta para un régimen jurídico especial», *Revista de Derecho, Comunicaciones y Nuevas Tecnologías*, núm. 11, 2012.

PIENIZZIO, Andrés, «Los Acuerdos Artemisa y el futuro de la exploración espacial: un análisis a la luz de los postulados del Derecho del Espacio», *Instituto de Relaciones Internacionales*, núm. 12, 2021.

PRZEMEK, Mroz, *et. al.*, «Impact of the SpaceX Starlink Satellites on the Zwicky Transient Facility Survey Observations», *Astrophysical Journal Letters*, Vol. 924, 2022.

PULTAROVA, Tereza, «SpaceX's Starlink Satellites Leave Streaks in Asteroid-Hunting Telescope's Images», *Scientific American*, 2022.

RUIZ CATALÁ, Melanie, «La conquista espacial: la responsabilidad de los Estados por las actividades de las empresas en el espacio ultraterrestre», *Revista Boliviana de Derecho*, núm. 33, 2022.

SALAZAR FURIATI, María Eugenia, «Los satélites. Su importancia en las telecomunicaciones», *Comunicación: estudios venezolanos de comunicación*, núm. 146, 2009.

SCHINGLER, J. Kate, «Imagining safety zones: implications and open questions», *The Space Review*, 2020.

SUNDAHK, Mark *et al.*, «How Private Companies and NASA's Artemis Accords Will Shape the Future of Space Law», *Australian Institute of International Affairs*, 2023.

TEIGENS, Vasil, *et al.*, *La Carrera espacial*, Cambridge Stanford Books, 2019.

TRONCHETTI, Fabio y HAO, Liu, «The White House Executive Order on the Recovery and Use of Space Resources: Pushing the Boundaries of International Space Law?», *Space Policy*, núm. 57, 2021.

VAN LOON, Fabio, «Codifying Jus in Bello Spatialis—The Space Law of Tomorrow», *Strategic Studies Quarterly*, Vol. 15, 2021.

VERLINI, Giovanni, «Paper satellites: a puzzle for the industry», *Via Satellite*, 2010.

VON DER DUNK, Frans, «A sleeping beauty awakens: the 1968 rescue agreement after forty years», *Journal of Space Law*, núm. 34, 2008.

WEHTJE, Betty, «Increased Militarisation of Space - A New Realm of Security», *Beyond the Horizon*, 2023.

WALKER, Constance, *et al.*, «Impact of Satellite Constellations on Optical Astronomy and Recommendations Towards Mitigations», *NOIRLab*, 2020.

WILLIAMS, Christopher, «Space: the cluttered frontier», *Journal of Air and Law Commerce*, Vol. 60, 1995.

XIYAO, Li y **YONGMIN**, Bian, «The Legality and Compliance of Low-Orbit Mega constellations as Military Targets», *Advances in Astronautics Science and Technology*, núm. 6, 2023.

YONGLIANG, Yan, «Anti-weaponization of Outer Space for Maintaining Long-term Sustainability of Outer Space Activities», *Space Policy*, núm. 63, 2023.

YU, Xu, «UNCOPUOS 50 years on: Assessing current dynamics and exploring its future role», *Space policy*, núm. 28, 2012.

YUAN, Alda, «Filling the Vacuum: Adapting International Space Law to Meet the Pressures Created by Private Space Enterprises», *Denv. J. Int'l L. & Pol'y*, Vol. 49, 2021.

ZYKOV, Roman, «Liability for damage caused by space objects», *Transnational Dispute Management*, 2021.